中国宴席史略

中国史略丛刊

李登年［著］

图书在版编目（CIP）数据

中国宴席史略 / 李登年著. -- 北京 : 中国书籍出版社, 2020.4
（中国史略丛刊.第一辑）
ISBN 978-7-5068-7617-9

Ⅰ. ①中… Ⅱ. ①李… Ⅲ. ①宴会—文化史—中国
Ⅳ. ①TS971

中国版本图书馆CIP数据核字(2019)第286092号

中国宴席史略

李登年　著

责任编辑　卢安然
责任印制　孙马飞　马　芝
封面设计　东方美迪
出版发行　中国书籍出版社
地　　址　北京市丰台区三路居路 97 号（邮编：100073）
电　　话　（010）52257143（总编室）　（010）52257140（发行部）
电子邮箱　eo@chinabp.com.cn
经　　销　全国新华书店
印　　刷　三河市华东印刷有限公司
开　　本　880毫米 × 1230毫米　1/32
字　　数　280千字
印　　张　10.75
版　　次　2020 年 4 月第 1 版　　2020 年 4 月第 1 次印刷
书　　号　ISBN 978-7-5068-7617-9
定　　价　62.00元

弥足珍贵的镜头

以下图片截取自央视一套1997年“华夏掠影”栏目播出的专题片《李登年和他的中国古代宴席》。

徐邦达为《中国古代筵席》题词

作者与中国书画鉴定大家、著名书画家徐邦达在一起

作者与著名学者何满子、李时人教授交流饮食文化

著名社会活动家、书画大家袁晓园为作者题字作画

作者与中国烹饪大师薛文龙交流随园宴

作者收藏的古代餐饮具

高古瓷

商代灰陶尊

夏白沙陶罐

商布纹红陶罐

商代陶鬲

青铜器

商代青铜爵

战国方壶

宋代铁鼎

汉代三眼铜灶

明洪武合金酒具

陶瓷类

春秋黑陶双系罐

战国灰沙陶罐

战国盘口瓶

南北朝青釉四系罐

西汉人面纹抱炉

西晋越窑鸡首壶

东晋黑釉鸡首壶

唐代长沙窑执壶

东晋龙柄鸡首壶

宋代影青执壶

宋耀州窑刻花执壶

宋隐青蛙荷盏

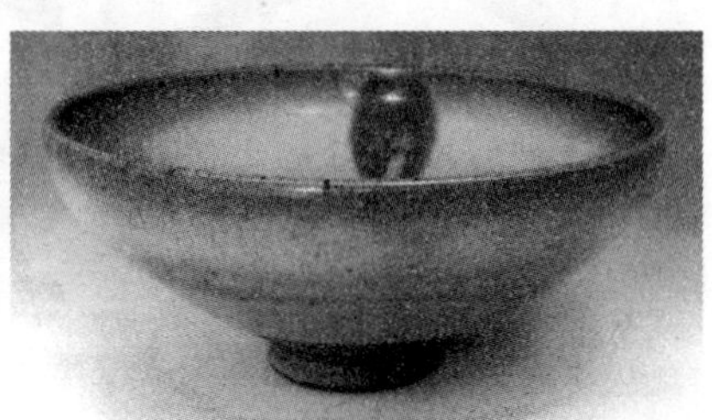

元代钧窑碗

元青花八棱执壶

明永乐青花花口花卉纹盘

宋吉州窑窑变纹盏

宋建窑鹧鸪斑茶盏

清旭茂提梁壶

清道光青花粉彩开光碗

清窑变釉紫砂壶

清雍正珐琅彩喜上梅梢碗

彭年款三嵌紫砂锡壶

清天青釉瓜棱壶

序

何满子

人类从茹毛饮血到熟食，到求鲜美、求珍异，原是文明的自然趋势，孟子所谓“口之于味有同嗜也”，不足为怪也不足为非。但是，在人类社会未达到均富的条件下，便会产生“朱门酒肉臭，路有冻死骨”的畸形现象。这不是饮食文化的错，而是社会制度造成的。

近年来出版了不少研究饮食文化的书，一方面，有评论家指责，认为是为吃喝风推波助澜；另一方面，也有美食家惋惜各种筵席的菜系之紊乱，家法之失传，痛心疾首。其实，真正大吃大喝的人未必对饮食文化留什么心，对食谱有什么研究，这些人可能连书也懒得看。而各种菜肴帮系的乱套，烹调技法之不纯，恐怕也是时流所趋。人口大量流动而且频繁，烹调师傅就不得不将就顾客的口味来点变通，京粤川扬五味杂陈，乃至中西各色渗透，就在所难免了。

作为人类的一种文化现象，饮食文化的内容并不限于饮食菜肴滋味等满足口腹之欲的“硬件”上，也包括参与饮食的人际格局、礼仪、习俗等人文性的“软件”内容。在某种场合、某种条件下，模式、礼制、应对交际等行为比进食本身更为重要，家庭父子亲戚朋友间的日常餐桌上有这种情况，公务接待筵席上则更多。研究中国饮食文化绝不能忽视这些方面。

中国号称礼仪之邦，“礼仪”并非轻飘飘地停留在口头上，而是实打实地体现于社会生活的方方面面。作为中国封建社会统治思想的儒家学说提倡礼治，以礼治政，以礼调节伦常即人际关系，以礼约束人的行为和规范社会秩序。而礼的原则必须落实并表现于仪上，愈是与生存和生活有关的行为愈要合于礼仪，“人之大欲存焉”的饮食文化自然而且必须贯彻礼的原则。群聚而飨宴的筵席既是实践礼仪的场合，更是因礼仪而兴起的活动。儒家“三礼”就有很大部分的内容涉及公私飨宴的礼制，由官方的礼教到民间约定俗成的习俗都使公私筵席形成了一套规范和操作模式。虽然历史朝代屡有更替，“礼”因时因地因人因事也有繁简的不同，原先苛繁的“仪”也有日趋简单之势，但中国传统规范和习俗至今仍不同程度地存在于人们的意识和实践之中。中国的饮食文化集中体现在正规的公私筵席之中；而筵席的传统规范和礼俗则最具有文化特征，也最能显示民族性格。

饮食文化习俗世代相传，举行和参加宴会的人自然而然地认同和遵循筵席间传统的礼仪和规则，成为一种“集体无意识”的行为。若要追问何以必须如此而不是别种模样，恐怕多数人讲不出一个所以然来。古代典籍中有大量关于筵席的模式、礼制的记述，只有从事相关领域研究的学者在不同的研究目的下有所触及，尚未形成综合成系统的专题论述。近年来研究饮食文化的著作则大抵偏重于饮食品色和菜谱、烹调术及味觉美感之类，综述筵席源流、仪制和风俗的系统性著作尚无人尝试。李登年先生的这部《中国古代筵席》在此方面恐怕具有开创意义。

据著者自述，因为从事饭店管理工作多年，职业上的需要激励他以十年之力，辛勤搜集资料，以业余时间发奋写成。这种敬业精神很让人敬佩。书中不仅论述了筵席的源流演变、各种礼仪的形成等，也注意到筵席的组织和操办，在介绍知识的同时兼有实践指导意义。宴会活动作为一种公私关系的特殊形式，牵涉面极广，政治、经济、外交、商贸等社会活动等无所不包，更不用说饮食起居的日常交际了。因此，本书要做到面面俱到是不大可能的，难免挂一漏万。如第三章所讲的“古代筵席种种”，对古代外交性的折冲樽俎之类筵宴（如“鸿门宴”等）就未曾触及。这是因为对这类宴席的深入阐述容易越出饮食文化的正题之外，希望能够得到读者的体谅。

（此文为何满子先生为本书的前一版本《中国古代筵席》作的序。先生现已去世多年，谨以原序文怀念先生。）

前　言

筵席，是与日常饮食相区别的一种特殊的、有目的的聚餐方式，具有明确的主题内容、严格的礼仪程序和成套的饮食菜单，是人类跨入文明门槛后的产物。它发端于原始社会后期的祭祀活动，而完全成形则是在人类进入阶级社会之后。

随着社会生产力的发展，文明的层次不断提高，食物的种类、数量日趋丰富多样，而且质量要求越来越高，这必然会推动筵席从内容到形式的不断发展。

中国古代筵席经历了漫长的发展历程。仅就形式而言，从最早的席地而坐、凭几而食到升坐椅凳、凭桌而食，从古老的鼎鼐俎豆到近代的碗碟盆盏，从简单的烧烤蒸煮到复杂的煎熘爆炒，从养老燕飨到名目繁多的各种筵席，都反映了筵席与社会文明的对映关系，显示出筵席在沟通人际关系、进行社交活动等方面的特殊功用。

虽然，中国古代筵席受其所处时代的制约，反映了那个时代的文化内涵。历代统治者“食不厌精，脍不厌细”的奢侈饮食要求，以及对筵席形式、内容的标新立异，推动着古代筵席水平的不断提高。考察中国古代筵席发展的历史，我们发现，最初由贵族阶层所独享的美食和种种宴享方式，随着时间的推移，先推向一般富有阶层，再逐渐推向平民大众。在这一过程中又不断出现新的内容和形式，如此循环往复，将中国筵席引向更新、更高的水平。

饮食，是人类赖以生存、增强自身体能素质的首要物质基础。人类饮食文化发展的历史，是人类文明发展史的重要内容。在社会不断进步，文明不断提升，物质极大丰富的今天，考察筵席发展史，不仅有认识意义，而且具有实践价值。中华民族历来被称为“礼仪之邦”，又是闻名于世的“烹饪王国”，作为礼仪与烹饪完美结合的中国宴席，凝聚着中华民族的智慧，是中华传统文化的有机组成部分。其间的精华，有待于我们去继承和发扬光大。毋庸讳言，这些年来我们在汲取传统文化精华方面还未能尽如人意，以至于不少极富特色的名菜名点，只有在名厨技术表演时或者在豪门宴的烫金菜谱上才偶尔看到，在向外国人炫耀时或许能听到。一些古代名筵，许多人更是闻所未闻，间或有人提及，亦如“海客”口中的“瀛洲”，“烟涛微茫信难求”了。这不能不说是很大的遗憾。应该说，饮食文化与食的文化、文化的食有着不同的含义，文化靠大吃大喝是吃喝不出来的，具有什么样的文化观、具有多深的文化底蕴，才能产生出什么样的饮食文化。

我从事现代酒店的管理工作五十多年，经常接触宴席和宴席事务，实际工作的需要使我对中国筵席史产生了浓厚的兴趣。本着“古为今用”的原则，我利用业余时间搜集、阅读了许多资料，原想从古代饮食文化中汲取营养，为实际工作提供一点借鉴。然而，当我遍查图书馆的书目，发现至今还没有一本专门系统论述中国宴席史的著作时，心里很不是滋味。在民族自豪感与社会责任感的驱使下，我不顾才疏学浅，用了近十年的业余时间，几易其稿，终于写成了这本小书。在此期间，我得到了不少专家学者的热心支持和帮助。虽然如此，我仍然深知书中错漏之处在所难免。之所以付梓，是希望这本小书能成一块引玉的“砖石”，促使更多的同行一起来发掘、总结我们祖先凝结在饮食文化上的智慧和创造。倘能如此，便是对笔者数年心血的最好回报，我将感到莫大的欣慰。

目　录

第三章　古代筵席种种

第四章　宴乐

第五章　筵席事务

第六章　古代筵席与酒文化

第七章　现代宴席举要

【第一章】

筵席的起源与变迁

一般而言，筵席是一种集体就餐活动。它与其他集体就餐活动的区别，在于它不仅是一种就餐形式，而且具有鲜明的文化特征。筵席除了满足基本的饮食需要外，还具有一定的礼仪形式，具有除饮食本身果腹疗饥之外的特殊功用。中国古代筵席的发展和变迁与人类社会发展是同步的，都是由简到繁、由粗到精、由低级到高级的发展过程，它是中华民族物质文明和精神文明发展到一定高度的产物。

一、筵席的本来含义及其文化特征

从语源上考察，“筵席”原本指的是两种坐卧具。《周礼·春官》列有“司几筵”一职，其职是“掌五几五席之名物，辨其用与其位”。贾公彦疏云：“凡敷席之法，初在地者一重即谓之筵，重在上者即谓之席。”孙诒让在《周礼正义》中说得更加清楚：“筵铺陈于下，席在上，为人所坐藉。”

“筵”和“席”本为同属，其区别仅在于用料的粗细、规格的大小以及铺设的上下不同而已。大体说来，用料上，筵为竹编，席多为草编；规格上，筵大席小，古人有“筵长席短”之说；使用上，筵铺于地，席铺于筵上，人在席上坐卧。

上古社会，生产力十分低下，人们的生活极其简陋，饮食起居只能坐在地上。由于地面凉寒潮湿，人们往往将兽皮铺地，白天坐其上以隔潮，晚上睡其上以御寒，外出时则将兽皮披在身上以护体。然而，兽皮的获得并非易事，因而人们自然会以更容易获得的树叶、茅草之类坐卧护身。至于用竹子、苇草之类编筵织席，远古时期就有了，最迟到殷商时期，我们的祖先已经能够编筵织席了。作为辅证，甲骨文中已有了“[illegible]”（席）字，显然是一张编织物的象形，其中的“[illegible]”像席的织纹，若从功用方面解释，又如在长方形的席上盘腿而坐，或如人睡卧之状。

总之，“筵席”的本来称谓不过是坐卧具的总称。因为当时没有桌椅，进餐时，大家都是坐在筵席上，食物自然也放在筵席之上或筵席之间，因而“筵席”两字又同饮食建立了必然的联系。《诗经·大雅·行苇》云：“或肆之筵，或授之几。肆筵设席，授几有缉御。”可见西周时期人们已经以“筵席”代指宴饮了。

然而，真正使“筵席”成为有别于其他进餐宴饮的特殊形式的专称，则缘于“礼”的介入。从“礼”的本来含义也可证实。“礼”同“醴”本为一字。“豊”，如两玉盛放于器中之形。古人在饮食过程中讲究敬献的程序仪式，把敬献所用的高贵食物称为“醴”，进而把尊神和敬人的仪式都称之为“礼”。礼，延伸至人们的生产和生活中；礼，规范了传统习俗和行为准则。正如王国维《观堂集林·释礼》所归纳的：“盛玉以奉神人之器谓之礼，推之而奉神人之酒醴亦谓之醴，又推之而奉神人之事，通谓之礼。”《礼记·乐记》云：“铺筵席，陈尊俎，列笾豆，以升降为礼者，礼之末节也。”这里，筵席、盛器、食物、礼仪四者已经结合在一起。不仅如此，《礼记·礼器》云：“天子之豆二十有六，诸公十有六，诸侯十有二，上大夫八，下大夫六。”对不同等级身份的人在筵席上享用食物的规格也作了礼数上的规定。显然，作为餐饮特殊形式的筵席，先秦时期即已形成。

其实，在“筵席”一词产生之前，已有类似的词汇产生。古代“乡”字同“飨”字，甲骨文和金文中只有“乡”字，意为乡人共食。《周礼》中的“乡饮酒礼”“乡礼”应该是从原始社会的饮食聚餐这一特定的活动中演变而来的。《竹书纪年》载，夏启元年癸亥，“帝即位于夏邑，大飨诸侯于钧台”。《礼记·王制》云：“凡养老，有虞氏以燕礼，夏后氏以飨礼，殷人以食礼，周人修而兼用之。”其中，燕、飨、食都是带有礼仪内容的宴饮形式。“燕”引申为“宴”，后成为“筵”的同义词。燕、飨的本义都是以饮食款待他人。“宴”字有两个异体字，一为“醼”，从“酉”；一为“讌”，从“言”，即不仅指以酒食款待他人，也含有“乐”的内容。西周的筵席中就已有钟鼓奏乐娱客的记载。《诗经·小雅·宾之初筵》曾淋漓尽致地描述了当时筵席的情景：

宾之初筵，左右秩秩。
笾豆有楚，肴核维旅。
酒既和旨，饮酒孔偕。
钟鼓既设，举酬逸逸。

陈子展先生是这样翻译的：

宾客初就筵席哟，

左右周旋秩秩有礼节。
食器这样清楚的布置，
鱼肉果蔬都已经陈列。
酒味都是醇和甜美的，
饮酒的人很普遍热烈。
钟啦鼓啦都已悬设，
举爵还敬的人络络绎绎。

——《诗经直解》

这充分说明宴乐已经成为当时筵席的重要组成部分。之后，人们逐渐以“宴”代指有饮有食、有礼有乐的筵席，以致“筵”“宴”通用了。

统而言之，“燕”“飨”“筵”都是“筵席”的同义语。“飨”主要是从筵席举办者的角度谓以酒食款待宾客；“燕”即“宴”，则更强调有礼有乐；而“筵”或“筵席”一词则似乎是对这种聚餐形式本身的直接称谓。至于后世“筵”“宴”通用，直至今日人们以“宴会”代替“筵席”，虽是语言的演化，但仍能从不同角度、不同侧面体现其礼仪的内容。

强调筵席的礼仪形式，突出筵席的超饮食目的，这正是中国古代筵席从根本上区别于其他集体就餐形式和一般饮食活动的特点，也是它的文化特征之所在。正因为如此，在强调伦理关系和君臣秩序的中国古代，这种聚餐形式受到特别的重视，因为藉此可以强化礼治，维系“尊卑有别，上下有序”的封建等级秩序。也因为如此，尽管夏商已经有了多种宴饮名目，周公治礼时，仍对前代的宴饮制度予以扩大和规范化，定出“乡饮酒礼”“大射礼”“婚礼”“公食大夫礼”“燕礼”等筵席礼仪，并将之纳入国家的礼仪制度。据《周礼·天官》所载，周王朝的宫廷人员约有四千人，而管理饮食的竟有二千二百六十三人，占百分之六十，其中包括：

膳夫（掌王饭食酒浆牲肉与菜肴）	一百六十二人
庖人（掌供献六畜六兽六禽）	七十人
内饔（掌王肴馔切割烹煎调味等）	一百二十八人
外饔（掌祭礼祭物的烹割等）	一百二十八人
亨人（掌食物烹煮与装鼎）	六十二人
甸师（掌王籍田，进献谷类）	三百三十五人
兽人（掌适时捕取野兽）	六十二人
渔人（掌适时捕取鱼类）	三百三十四人
鳖人（掌捕取龟鳖蚌蛤）	二十四人
腊人（掌干肉）	二十八人
酒正（掌酒政及酿造）	一百一十人
酒人（掌酿酒）	三百四十人
浆人（掌王饮品）	一百七十人
凌人（掌藏冰出冰）	九十四人
笾人（掌祭祀荐献）	三十一人
醢人（掌祭祀荐献）	六十一人
酰人（掌醋腌齑菹）	六十二人
盐人（掌盐政及发放）	六十二人

这些人员管理的不仅是君王个人及家庭成员的饮食，而且

还包括宫廷祭祀和筵席的繁杂事务，许多重大的礼仪场合都离不开这些人。自周以降，每个封建王朝的宫廷里都有庞大的饮食管理机构与管理人员队伍。如明清宫廷里的光禄寺，负责人光禄寺卿为从三品大员，下设太官、珍馐、良酝、掌醢四署，各署主管署正的官品亦达从六品，任事的厨役为数甚众。明嘉靖、隆庆年间，光禄寺在编厨役多至四千余人。

上行下效。由于朝廷重视，不仅各级官府将迎来送往、接风洗尘等类宴饮列为重要政务，一般百姓家庭也无不将与祭祀、节庆相联系的家宴列为家庭的重要事务。

中国古代的公私筵席，无不带有超出饮食本身目的的意义，且总是伴有一定的礼仪形式，这正是中国古代筵席的文化特征。时下不少辞书，对“筵”“宴”等词大都从“以酒食款待宾客”方面去解释，至多不过是“以社交为目的的进餐活动”，这显然是不完全也是不够准确的，其缺憾在于忽略了筵席这种集体就餐方式的文化特征。古时天子、诸侯、大夫燕飨宾客，礼仪极其繁复自不必说，后世民间筵席仪式虽趋于简化，但也不能完全取消礼仪的内涵。民间的婚筵、寿筵、接风洗尘宴、饯行答谢宴等也要按尊卑有别、宾主有序等礼仪原则排定座次，开筵前往往还要由东道主致辞，简要说明举筵的缘由，席间也免不了敬酒劝食等礼仪形式。

理解筵席的文化特征，是认识中国古代筵席的前提。

二、筵席的起源

筵席是以物质为基础的，只有当社会具备一定的物质条件，有了一定的剩余产品，为维系社会秩序服务的筵席才有可能产生。在中国古代，维系整个社会秩序的体系是所谓的礼制。从各种记载看，中国古代的“礼”是由最初的祭祀之礼逐渐演变成完整的政治、经济典章制度，而最初的宴饮也是与祭祀有关的。因此，可以认为中国古代筵席起源于古代祭祀。而筵席礼仪随着礼制的形成而逐渐完善，亦显示出筵席制度是礼制在饮食方面的具体体现。虽然中国古代社会经历了从奴隶制向封建制的演变，但奴隶社会形成的礼制在封建时代得到了继承并强化，尤其是得到封建时代占统治地位的儒家思想的提倡。因此，从总体上说，中国古代筵席重视礼仪的基本特征从未改变，改变较多的是筵席形式和几案座席的改进。

1.筵席是人类跨入文明门槛后的产物

筵席作为一种高级的聚餐方式，首先依赖于一定的饮食物质条件，在“茹毛饮血”的上古时代，不具备这种物质条件，当然谈不上筵席。以群居方式生活的原始人群，有了食物共同享用，但这种因客观环境造成的群居共食乃是为了满足以充饥为目的的生存需要，与筵席有着本质的区别。

火的使用是人类发展史上的一个巨大转折点，“茹毛饮血”的蒙昧时代结束了，人类进入了一个全新的时期。由于火的使用，原始人群变生食为熟食，扩大了食物的来源，提高了食物的质量，增强了肠胃的吸收功能，减少了疾病传染的几率，人脑与身体能得到更为充分的营养，这对于原始人群身体素质与智力开发的提高，具有划时代的意义。正因为如此，恩格斯在《自然辩证法》中把火的发现与使用看作是“人类历史的开端”。

根据考古发现，距今一百七十万年以前的元谋人已经用火。在各地发掘的一些古人类化石遗址里，也都有人类早期用火的证据。从先秦古籍多有记载的燧人氏“钻燧取火”传说中可知，我们的祖先不仅很早就会用火，而且很早就掌握了人工取火的技术。

火的使用推动了原始社会生产力的发展，随着生产力的发展，出现了原始畜牧业和原始农业。考古工作者从河北省武安县磁山新石器时代早期文化遗址中，发现了大量的粮食堆积和动物骸骨，证明七千多年前我们的祖先已种粟并饲养猪、鸡等家畜、家禽。古代关于伏羲和神农氏的传说也印证了这一点。而河姆渡文化遗址中出土的渔具与鲤鱼、青鱼、鲫鱼、鳖、龟等骸骨，则说明六七千年以前原始渔业也已出现。

原始畜牧业、原始农业与原始渔业的出现，不仅使我们祖先的食物来源与品种数量日益丰富，也使食物结构发生了变化。与此相适应的是炊具的发明和改进。根据考古发现，距今一万年前后我们的祖先已经有了简单的陶器。陶器的出现给人类生活带来了许多方便，人们可以用陶制的罐、鼎、釜、甑蒸煮食物，用陶制瓮、瓶等储物或汲水，用陶制的碗、钵、盆等进食。也由于陶器的出现，人们可用以熬盐、造酒和制造酱、醋等调味品。这样，烹饪方法和烹饪技术应运而生，并得以不断发展。

食物来源的扩大，食物结构的改善，不仅使人类增强了利用自然和改造自然的能力，而且促进了人类自身的发展，并跨入了文明的门槛。从某种意义上说，人类文明始于饮食的进步。而当人类进入文明时代后，饮食状况仍是文明程度的一个重要标志。随着礼制的逐步形成，客观上已具备的物质条件——食物品种数量的丰富，食物结构的改善，烹饪技术的提高等，必然导致筵席这种新的集体就餐方式的出现。

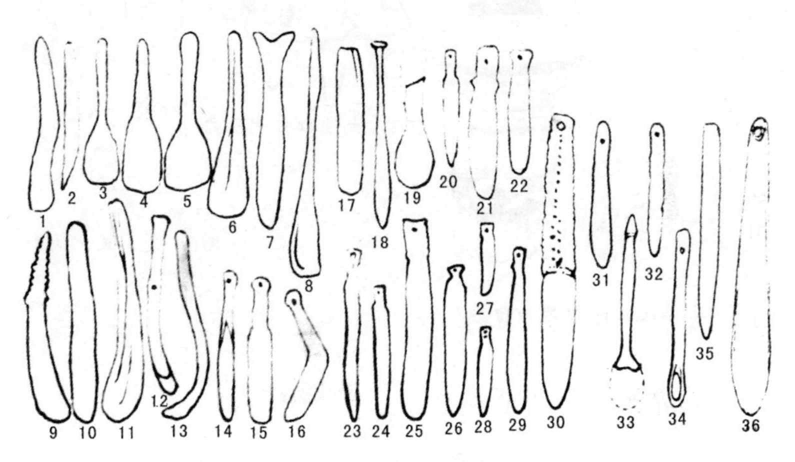

图1　史前时代的餐匙

1、2河北武安　3浙江余姚　4、5、6、7、9、11江苏邳州　8山东曲阜　10、13、14、15、16山东泰安　12山西夏邑　18河北内丘　19山东潍坊　20、21、22、23、24、25、26、27、28、29甘肃永靖　30、31、32黑龙江密山33内蒙古包头　34、36辽宁赤峰　35辽宁建平

图2 大汶口文化居民使用的酒具

图3 黄河流域新石器时代陶滤缸和漏斗

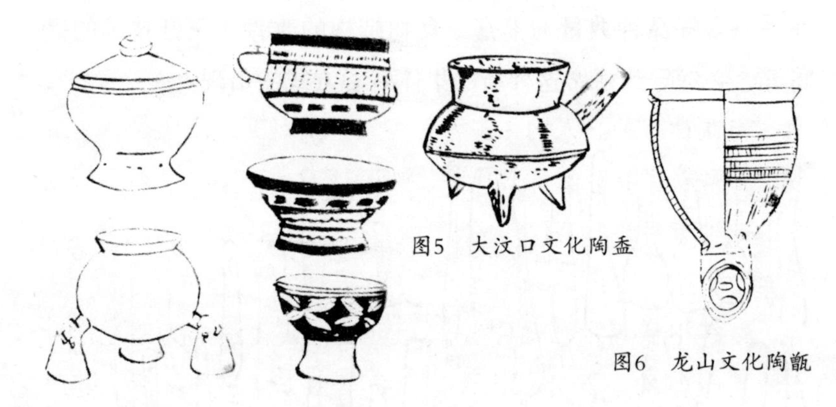

图4 大溪文化的炊具和食器

图5 大汶口文化陶盉

图6 龙山文化陶甑

2.筵席始于祭祀活动

早在原始社会末期，筵席这种集体进餐方式已经萌芽于原始部落的巫术活动之中。之后，随着祭祀从巫术活动中独立出来，筵席也就在祭祀中有了雏形。

祭，《说文解字》作“祭”，左上方是一块肉，右上方是一只手，下方表示祖宗的牌位，用手献上一块肉放在祖宗的牌位前，这是祭祀仪式的真实写照。《孝经》邢昺疏云：“祭者，际也，人神相接，故曰际也；祀者，似也，谓祀者似将见先人也。”从字形字义考查，祭祀最早就与饮食有关。因为祭祀与人类心理祈求有直接关系，而人类心理祈求首先表现为对饮食的祈求。《诗经·小雅·楚茨》云：“苾芬孝祀，神嗜饮食。卜尔百福，如畿如式……既醉既饱，大小稽首。神嗜饮食，使君寿考。”《易经·既济卦》云：“九五：东邻杀牛，不如西邻之禴祭，实受其福。”都在说明祭祀与饮食的关系。

其实，早在文字产生之前，当生殖器崇拜、图腾崇拜、鬼神崇拜、祖先崇拜还混杂在一起的时候，在原始部落无所不包的精神活动——巫术活动中，原始祭祀就已经产生。这些活动也多与饮食有关。人们在进行各种崇拜活动时，或由部落首领或由巫觋将食品分给部落成员食用，或者在集体典礼后共同聚餐。这种有目的、有仪式的聚餐便带有筵席的意义，或者说是筵席的萌芽。

当祭祀从巫术活动中分离出来后，饮食更成为祭祀活动中不可分割的一部分。祀天神、祭地祇、享祖先之后，将祭品供与祭者食用，是从古至今一以贯之的做法。《诗经·小雅·楚茨》里的“诸父兄弟，备言燕私。乐具入奏，以绥后禄”，指的就是祭祀之后的宴饮活动。在祭祀活动中，逐渐形成了“礼”。《说文解字》释“礼”为“履也，所以事神致福也”。段玉裁注：“履，足所依也。引申之，凡所依皆云履。”后世正是将此义不断引申，“礼”不仅成了人际关系的行为规范和道德准则，而且成了社会等级秩序的标志。但最初的“礼”，显然是与祭祀密不可分的。因为祭祀要以食物作祭品，祭祀活动包括饮食内容，所以“礼”同饮食就紧密结合起来。实际上，从字形字义考证“礼（禮）”也是如此：左方的“示”正是祭祀所崇拜的偶像物，右方的“曲”“豆”代表饮和食即礼的形式内容。显然，与前文提到的“祭”的人手捧肉放至牌位上一样，更能证明“礼”和“祭”与“饮”和“食”的相关相联。正因为如此，《礼记·礼运》说：“夫礼之初，始诸饮食。其燔黍捭豚，污尊而抔饮，蒉桴而土鼓，犹若可以致其敬于鬼神。”因而，在古代所有礼仪中，最为神圣、肃穆并为古今上下普遍恪守的是祭祀之礼。而饮食之礼也就成为礼最外在、最直观的表现形式，更利于培养人们“尊让契敬”的精神，从而达到“贵贱不相逾”的处世方式。

因为筵席始于祭祀后的聚餐，祭品食物先待神后待人，或者说，明为待神而实为待人，所以古人对祭品食物的准备是充分的，选择是精心的，而且大多是根据人的饮食习惯和需求而定。因为筵席是古代祭祀的组成部分，待人是待神的继续，所以在礼仪程序上必然受到祭祀礼仪程序的制约，在某种程度上甚至可以说，待人的筵席程序是待神的礼仪程序的重复。我们从祭祀的礼仪程序可以看到筵席的礼仪程序，从祭祀的级别可以看到筵席的等级，从祭品的选择可以看到筵席菜单的制定，而祭祀的准备分工则可看作是筵席事务。

祭的本意是人们把生存的必需品，包括物质方面、精神方面的一切，全部献给被祭祀的对象。这不仅是人们对已拥有的物质资料的显示，更是对鬼神所表示的诚意。正如《春秋谷梁传·成公十七年》所言：“祭者，荐其时也，荐其敬也，荐其美也，非享味也。”因而历代祭祀对祭品的选择有极其严格的标准。《礼记·曲礼》云：

> 凡祭宗庙之礼，牛曰一元大武，豕曰刚鬣，豚曰腯肥，羊曰柔毛，鸡曰翰音，犬曰羹献，雉曰疏趾，兔曰明视，脯曰尹祭，槁鱼曰商祭，鲜鱼曰脡祭，水曰清涤，酒曰清酌，黍曰芗合，粱曰芗萁，稷曰明粢，稻曰嘉蔬，韭曰丰本，盐曰咸鹾，玉曰嘉玉，币曰量币。

这里所言二十一种祭品都是质优品高之物。

古代祭祀祭品多采用牛、羊、豕等整头牲畜。牛、羊、豕三牲并用的祭品称“太牢”，羊、豕并用的祭品称“少牢”。《礼记·王制》云：“天子社稷皆太牢，诸侯社稷皆少牢。”祭祀的祭品用整体牲畜，对古代筵席菜肴的影响极大，因而古人有“善礼者宴用全烝”之说。

古代祭祀用的牲畜不仅以整为贵，而且还十分讲究牲畜皮毛的色泽，以色泽辨优劣，供祭不同的对象。《周礼·地官》中的“牧人”就是专掌牧养六畜并加繁殖的官员。由他选择供应祭祀所需不同色泽的牲畜：祭天和宗庙用毛色纯赤的，祭地和社稷用毛色纯黑的，祭山川用各色纯毛的牲畜，只有不定时的祭四方八物小神及畋猎时的貉祭，才用杂色的牲畜。

祭品用牲畜除以整为贵外，也有崇尚牲畜某一部位的。如夏代祭祀尚心，商代祭祀尚肝，周代祭祀尚肺。《周礼·地官》云：“祀五帝，奉牛牲，羞其肆。享先王，亦如之。”“肆”就是肢解牲体，选用牲畜的不同部位作为祭祀之品。

祭祀奉熟食，古时称“馈食”。人们特别讲究馈食的生熟程度，将馈食分为腥、焖、糜、饪四等。腥为半生半熟，糜为熟而过烂，过烂为失饪，失饪为“失生熟之节”。失饪，人不食，故也不祭。人不敷衍鬼神，正反映人对祭之诚！人们不仅讲究馈食的生熟程度，更强调食物的口味和菜肴的合理组合。作者不明的《大招》和宋玉的《招魂》都反映了先秦时期宗族相聚举行祭祀的情景。其中列举的祭品亦是楚国贵族及富有阶层的饮食精华：主食有精细的米、麦、黄粱做的饭，菜肴有烧甲鱼、炖牛脯、烤羊羔、烹天鹅、扒肥雁、卤油鸡、烩野鸭、焖大龟等；烧烤炖烩，扒焖烹卤，烹调方法多样；酸甜苦辣咸，五味俱全。另外，祭品中的点心及饮品也是名目繁多。无论从哪个角度看待这些祭品，其内容、形式与现代筵席菜单并无多大差异。

古人对祭祀的重视，不仅体现出对鬼神的诚意，而且也反映了祭祀与筵席、祭品与菜单间的密切关系。筵席源于祭祀，祭祀影响筵席；筵席菜肴源于祭祀祭品，祭祀祭品不仅适鬼神之意，更合人的口味。《旧唐书·李翱传》：“太庙之飨，笾豆牲牢，三代之通礼，是贵诚之义也。园陵之奠，改用常馔，秦汉之权制，乃食味之道也。”充分说明我们的祖先对祭祀祭品的选择强调“贵诚之义”，而筵席菜肴则讲究“食味之道”；“改用常馔”而追求“食味之道”，正是祭祀祭品向着更适合人们需要的筵席菜肴的过渡与发展。这也是古代筵席始于祭祀活动的重要根据。

古代祭品追求“食味之道”，强调筵席菜肴的合理组合。在品种上，果品是必需之物。《周礼·地官》：“场人掌国之场圃，而树之果蓏珍异之物，以时敛而藏之。凡祭祀、宾客，共其果蓏。享，亦如之。”郑玄注云：“果，枣李之属；蓏，瓜瓠之属；珍异，蒲桃、枇杷之属。”

祭品中的饭类主食以六谷为主。西周时宫廷祭礼由小宗伯负责辨别黍、稷、稻、粱、麦、菰六谷，并安排它们在祭祀中的用途，还有舍人负责供给装满米谷等物的簠簋。

祭品中有食也有饮。《周礼·天官》：“凡祭祀，以法共五齐三酒，以实八尊。大祭三贰，中祭再贰，小祭壹贰，皆有酌数。”据郑玄注，“五齐”是祭祀用酒按其清浊分为五等；“三酒”是三种供饮之酒。“五齐”为味薄有滓未滤之酒，以供祭祀；“三酒”则为过滤去滓之酒，供人饮用。“贰”则是添酒的次数，“三贰”即添酒三次。

无疑，研究古代祭祀的祭品，对于了解当时人们的饮食习惯、烹饪技艺，探索古代筵席菜单的组合具有一定意义。

祭祀和宴席间的相连相通关系，后世在一些少数民族的祭祀活动中也体现得十分鲜明。清姚元之《竹叶亭杂记》卷三中谈到祭祀祭品与满人食物构成时认为，在明代时，吃祭神肉是满族一项具有原始宗教色彩的食俗。“祭用豕，必择其毛纯黑无一杂色者。”早晨祭祀时将猪放在神前，主祭者用酒浇入猪耳，然后“即于神前割之，烹之”。当肉熟后，按头、尾、肩、肋、肺、心的次序放于案上，再“各取少许，切为丁，置大铜盘中”。这就叫“阿吗尊肉”。祭祀后，与祭者即于神前分食“阿吗尊肉”。至晚，“撤灯而祭，其肉名避灯肉”。在坑上铺油纸，客围坐，“主家仆片肉于锡盘飨客，亦设白酒。是日则谓吃肉，吃片肉也。次日则谓吃小肉饭，肉丝冒以汤也”。显然，这是祭祀仪式后的宴客活动。这也证实古代祭祀活动与筵席密不可分的关系，充分证明古代筵席始于祭祀活动。

3.中国筵席的最初形式——养老礼

据记载，中国古代脱离祭祀活动而独立的筵席产生于有虞氏时代，其最早形式是以“养老礼”为名目的饮宴活动。换言之，早在四千多年以前，中国已经有了筵席。

《礼记·王制》载：“凡养老，有虞氏以燕礼，夏后氏以飨礼，殷人以食礼，周人修而兼用之。”“燕礼”一年之中举行七次，每次都有典礼仪式，都有饮宴活动。陈澔《礼记集说》释有虞氏的“燕礼”：

燕礼者，一献之礼即毕，皆坐而饮酒，以至于醉。其牲用狗。其礼亦有二：一是燕同姓，二是燕异姓也。

由此可见，有虞氏时代的“燕礼”完全具备筵席的基本特征：有明确的目的——养老；有主有宾——宾客同姓异姓之别；有饮有食——酒和狗肉；有完整的礼仪程序—— 一礼之后，皆坐。显然，这种有主有宾、有酒有肉、有礼有节、有明确主题并有多人参加的聚餐形式的“燕礼”，就是筵席。尤其是筵席的主、宾之设是筵席区别于其他聚餐形式的重要特征，也是在此时产生的。《新唐书·礼乐志》介绍“养老礼”的主、宾之设：“季冬之月正齿位，则县令为主人，乡之老人年六十以上有德望者一人为宾，次一人为介，又其次为三宾，又其次为众宾。”

“养老礼”作为古代筵席的最初形式曾被历代当权者普遍

采用。夏、商、周上已述及，自不必说。秦、汉以后，“养老礼”的内容与形式进一步发展。汉代，“养老礼”除饮宴活动外，还增加了对老人生活上的关心与照顾。唐代，根据老人的年龄层次，在“养老礼”上安排不同的饮宴规格。《新唐书·礼乐志》云:“年六十者三豆（豆为盛放菜肴的容器），七十者四豆，八十者五豆，九十者及主人皆六豆。”豆的多少，是礼数等级，更是对筵席菜肴数量的规定。

三、筵席形式的变迁

随着人类文明的演进，物质资料的丰富，人们的生活方式相应发生改变。作为生活的重要组成部分，人们的饮食习惯和进餐方式也发生了变化 。仅就中国古代筵席的设置形式而言，就经历了席地而坐、几案相配、椅凳升高、长方结合、圆桌兴起等变化。

1.席地而坐

铺席于地，人坐于席，宾主享用置于席上的食物，这是最原始的筵席形式。“筵席”之名即由此而来。《礼记·乐记》“铺筵席，陈尊俎，列笾豆”，就是这种席地而坐筵席形式的具体写照。

这种形式的坐席之法，是双腿屈膝跪于席，臀部坐于双脚之上。打盘腿而坐的“胡坐”则是后来引进的外来坐法。设筵待客，客既跪坐，敬食奉肴的女主人也采取“跪进”的方式。因而古代餐饮具的设计也是为适应这种坐席的方式而出现的。如盛放菜肴酒品的樽、俎、笾、豆等，其陈列在筵席上的高度，与人们的坐席姿势，正好成一个有利于进餐的合理比例。如豆，是一种高足食盘，篆文“豆”为“豆”，字如其形，高足，上半部呈半圆形，其高足正是弥补人们坐“食”的高度与席面的高度差的悬殊，调整食物位置，方便人们进食。

席地而坐，适用于当时所有的进餐和筵席形式。从天子到庶人的日常饮食乃至宴饮活动都无一例外。而等级的差别主要体现在铺席层次的多少上。《礼记·礼器》云：“天子之席五重，诸侯之席三重，大夫再重。”席地而坐的筵席形式一直持续至南北朝时期，唐代民间宴客还多沿用这种形式。直至今日，我国有些地区还保存着这种习俗。而日本、朝鲜等国的铺席跪坐方式，也是在唐代时由我国传去而沿袭至今。

2.几案相配

席地而坐向“高”发展，出现了几和案。

几，比较小，几面狭长，两端有足支撑。足是升高的关键。《释名》释“几”曰：“几，庪也，所以庪物也。”可见几为置物之具。几的另一个用途是凭几，设于座侧，供人坐时凭倚。《周礼·春官》中有“司几筵”一职，可见西周时几的使用已很普遍。古人设筵待客，几上摆放食物，几边铺席，或在席上置几，宾主坐于席上，凭几而食。

1980年4月，江苏省连云港市云台山花果山乡新华村唐庄高顶汉墓中出土的一件漆凭几，几面长九十五厘米，宽十五厘米，高三十二厘米，通身用藤黄、群青、朱红等颜色绘成精美而整齐的图案，长方形几面的两端各有雕镂成四条龙并列的柱足，并用十分纤巧的榫眼投合以支撑几面。八条游龙挺拔劲健，像是在吞云吐雾，生动逼真，有呼之欲出之感。龙的嘴里喷出瀑布似的八道水柱，各在两端构成翻腾的巨浪、飘逸的浓云……其间还卧有一只昂首的蟾蜍，俯身如龙，仰望如蟾，具有鲜明的汉代风格。其几面是作为龙的身体来描绘的，几面上饰有龙身的鳞片，漆凭几整个造型如八条遨游太空的长龙。

案，是置放食物的用具，与几原为同属。《说文解字》云："案，几属也。"案亦如几，有足，犹今承盘，有方、圆两种，以方形为多。山东诸城发现的东汉庖厨鸟瞰图中就有这种四足方案。

最早的食案见于"陶寺文化"。在陕西襄汾陶寺山墓地的一些墓葬中，死者棺前就摆有低矮的木案，案上放有杯、觚、斝等酒具多件。

图7　战国楚墓出土的金银彩绘漆案

《后汉书·梁鸿传》载，梁鸿"为人赁舂，每归，妻为具食，不敢于鸿前仰视，举案齐眉。"梁鸿的妻子孟光举案齐眉跪立在席前，正是丈夫梁鸿进餐的理想高度。辽阳出土的东汉晚期墓室壁画上有宴饮场面：二方榻间一只长几，几面上放圆案。图的左方第一人手捧长方案，内置五只耳杯，两双筷子，就是这种几案相配的写照。连云港孔望山摩崖造像中，有一幅长一点一米、高零点一八米的汉代宴饮图。图中夫妇对座，中立一三足圆案，案上置一三足圆樽，樽中放一小勺。男女主人身后立有若干仆役，或执扇或持棒，还有忙碌的厨工。

当然，案更多的还是列于筵前，列案而食。从席地而坐，发展到席上置几，几上列案，几案相配，便于进食，无疑是筵席形式的一个进步。

3.椅凳升高

从几案相配，人们懂得了坐姿高度与食物距离的比例对于进餐的方便有重要作用。从而，在几、案之后，又出现了“坐床”。坐床，是为筵席活动而设置的座位。宴饮时将酒食置于坐床之上，主客围坐或分坐于坐床，宴散客退，随之则撤去。坐床比座席要高出许多，更为方便进餐。这种“坐床宴客”在魏晋时期比较流行。河南信阳长台关楚墓曾出土这种木质坐床，长二百一十八厘米，宽一百三十九厘米，高十九厘米，可卧可坐。

坐墩也是在几案的基础上发展起来的坐具。明文震亨《长物志》卷六：“坐墩，冬令用蒲草为之，高一尺二寸，四面编束，细密坚实，用木车坐板以柱托顶，外用锦饰。暑月可置藤墩。宫中有绣墩，形如小鼓，四角垂流苏者，亦精雅可用。”

筵席形式由低变高是一种发展趋势。在高坐高席尚未普及之前，先在皇室贵族及达官贵人间流行，高位者高坐，低位者还只能设条案，坐矮位。北宋的宫廷盛宴就是如此："凡大宴，宰臣使相坐以绣墩，参知政事以下用二蒲墩加罽毯，诸军都指挥使以上用一蒲墩。"（《子史精华》卷二十九）能坐上这些绣墩、蒲墩的，都是居于高位的达官贵人。

椅凳升高而坐，凭桌而饮食，这是古代筵席形式由低升高的根本性变化。由案上升到桌，由席地、坐床、坐墩上升到椅凳，是筵和席这两种原始坐具同步变迁的关键性突破。椅凳的出现并与桌子配套使用，使筵席形式彻底脱离它的原始含义，从而把筵席形式甚至人们的饮食方式推向一个新的阶段。

椅凳是受案的启发，在坐床、坐墩的基础上，为适应案所举的高度而产生的新式坐具。这种新式坐具在唐代以前即已出现。北宋吴曾《能改斋漫录》卷二云："床凳之凳，晋已有此器。"洛阳龙门石窟中北魏时期的浮雕中也可以见到坐在圆凳上的佛像。椅古称胡床，据北宋陶谷《清异录》载，始创于唐明皇。1955年西安发掘的唐代高力士的长兄高元珪的墓室壁画上即可看到端坐在椅子上的人像。而敦煌莫高窟二百八十五窟的西魏壁画上，有靠背椅子，椅子上坐着仙人，尽管是蹲跪姿势，却说明椅子的出现当在唐代之前。至迟至唐代中后期，人们的坐卧具已与今日的坐卧具高度大体相同，从而从根本上摆脱了席地而坐的原始方式。这也是筵席形式变迁的必然结果。

自有椅凳之后，几案则非加高不可，于是出现了与椅凳配套的桌子。"桌"初作"卓"，后又作"棹"，至明代才流行"桌"字。也有人认为桌子在六朝时已经出现。唐代天宝年间桌子已为民间富有人家普遍使用，当是不争的史实。桌子的出现并应用于筵席，形成了高坐高席、桌椅配套的筵席进餐形式。至此，由“筵”和“席”两种坐具而得名的“筵席”这一专用名词，原始义已经荡然无存了。

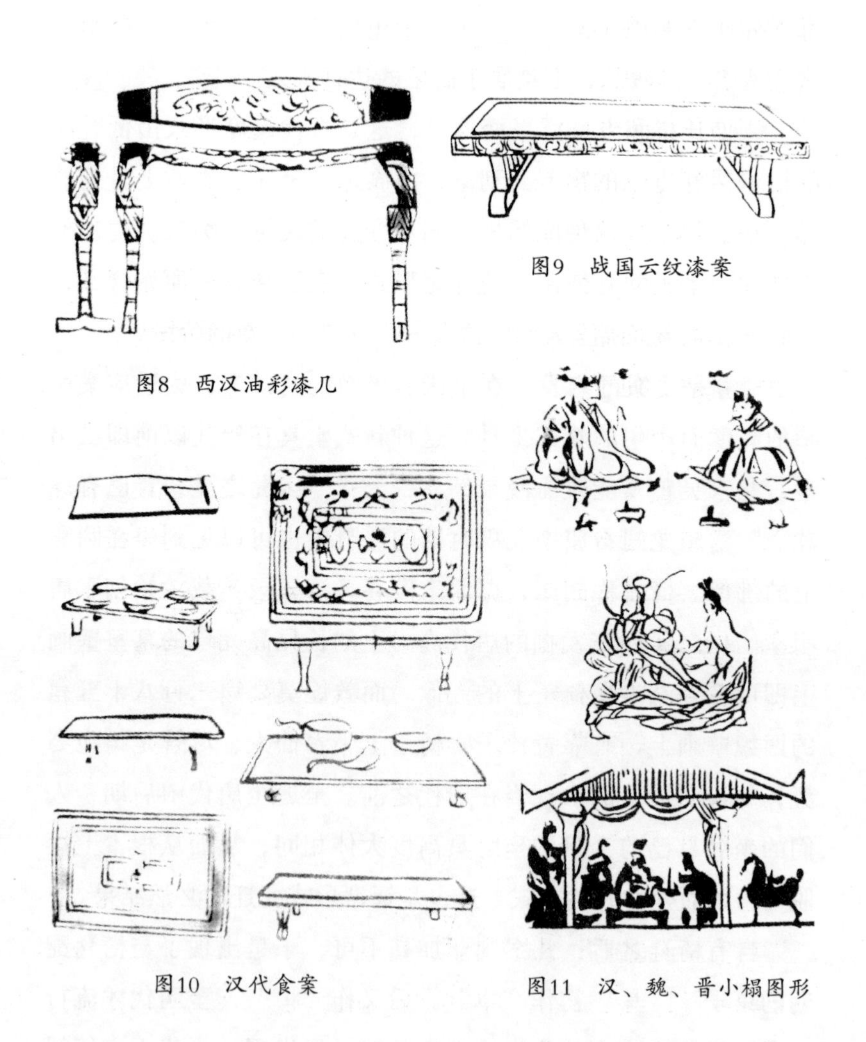

图9　战国云纹漆案

图8　西汉油彩漆几

图10　汉代食案

图11　汉、魏、晋小榻图形

4.长方结合

初期的桌椅只是案和坐床的延伸，不同的是其高度，还没有完全脱离案和坐床的原有性能。桌椅自然有其优越性，但初时一人一桌一席的形式仍有明显的局限，不如多人共席便于思想感情的交流沟通，这促使人们对它做进一步的改进。显然，要打破这个局限，只需改变桌子的形状，扩大桌子的面积即可，因而长桌和方桌应运而生。

长桌和方桌的出现，改变了一人一桌一席的传统形式，创造了多人同桌同席的新形式，如二人席、三人席、四人席等。二人席一般是宾主对坐。三人席一般是宾主围坐于桌的三面，留出一面与对面席相对，以形成筵席的中心，同时便于上菜、奉食、敬酒，便于席间服务。长桌与方桌产生于何时，古籍中没有记载，但可以推断，与椅凳的流行当大体处于同一时期。敦煌莫高窟四百七十三窟反映唐代宴饮的壁画上，长桌与长凳相配，长桌上摆放着整齐的食品与餐具，长条凳上对坐着男女九人，与宴者仪表庄重大方。1987年在西安附近发掘的唐代韦氏家族墓，墓室东壁的宴饮图上画的也是高桌高凳，桌子三面各坐三个男子，尽管是盘腿坐在凳上，却是坐凳而不是坐席。唐代传世名画《备案图》中，也有摆满食品、餐具的大方食桌。

5.圆桌兴起

圆桌是方桌的扩大和变形，是在方桌的基础上，为满足多人同席的需要而创造出来的。圆桌始于何时，已难考证。但清代前期已较流行，当无疑问。关于圆桌制作的目的、意义及方法，清人林兰痴说得很清楚："桌取乎方，而此无棱角，曰团。或有分置两块合成一张者，竹木听方便。方桌俗称'八仙'，此则团团围坐，可容十位。园中亦憩息地也，非设席开筵之所，偶来三五知己，玩月赏花，便酌小饮，已围坐桌中，忽又不招而致，不妨再留，以添座位，较之方桌只可八人则甚便矣。”（转引自陶文台《中国烹饪史略》，江苏科技出版社）可见，圆桌确有其特殊的功用。且圆桌无角，无需择方位定尊卑，又无“跨角”失礼之虞，在筵席形式的变迁过程中，其流行是势之必然。

至于《红楼梦》七十五回中描写贾母在凸碧山庄敞厅里举行中秋赏月夜宴，桌椅皆用圆的，“特取团圆之意”，故人们多选用圆桌开筵更寓有花好月圆、阖家团圆、圆圆满满的美好愿望。

直至今日，无论官方盛宴还是民间便宴，仍多选用圆桌，足见在筵席形式的变迁过程中，圆桌具有极强的生命力。因此古人有诗赞美：

一席圆桌月印偏，
家园无事漫开筵。
客来不速无须虑，
列坐相看面面圆。

图12　凭几（阎立本《陈宣帝像》）

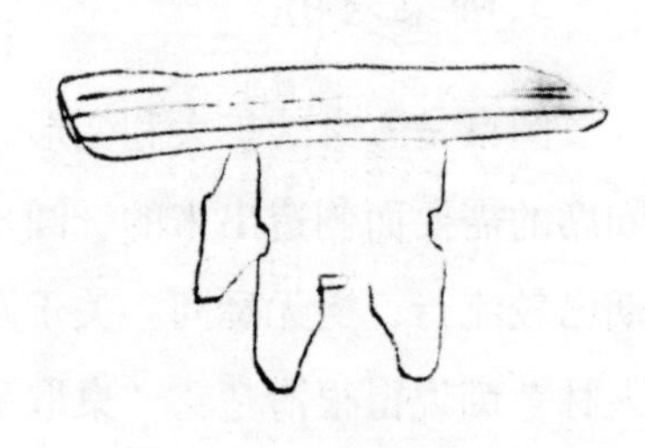

图13　木俎（湖北江陵望山1号楚墓出土）

图14 隋唐家具

图15 月牙桌

图16 五代家具

图17 两宋家具

图18 两晋、南北朝时期家具

图19 五代三折大屏风和案、桌、扶手椅（五代王齐翰《堪书图》）

图20　唐代《野宴图》

图21　唐代《宫乐图》

【第二章】

筵席礼仪

礼，对中国文化有着深远的影响。以官制来表达治国方略的《周礼》和以典章制度来规范人们行为准则的《礼记》《仪礼》，合称“三礼”。古代筵席从产生到发展直至受到“礼”的制约，依“礼”行事，为“礼”服务，“礼”在筵席中得到了充分的体现，形成了完整的筵席礼仪程序。

筵席礼仪，简称筵礼。中国古代筵席礼仪繁冗多变，但万变不离其“礼”，无非是将筵席这种特殊的聚餐形式以典章制度礼仪化、程序化。

一、筵席礼仪的依据

筵席礼仪作为饮食聚餐这一特定环境下的仪式，与人们对于“礼”的认识和理解是紧密相关的。《周礼·春官》云：

以嘉礼亲万民，以饮食之礼亲宗族兄弟，以婚冠之礼亲成男女，以宾射之礼亲故旧朋友，以飨燕之礼亲四方之宾客，以脤膰之礼亲兄弟之国，以贺庆之礼亲异姓之国。

这段话对于理解中国古代筵席礼仪有着重要的参考价值。古之宴飨者对筵席礼仪十分重视，将筵席看作是“礼”的一种特殊形式，宴以成“礼”，“礼”以成宴。

筵席礼仪是依据“礼”的次序原则确定的，而“礼”的次序原则又是人们认识自然、认识社会而产生的一种观念。我们的祖先由于对大自然的变幻迷惑不解，因而崇天地日月，尚四时变化，主张处事“与天地合其德，与日月合其明，与四时合其序，与鬼神合其吉凶（《易经·序》）”，据此制定了“礼”的基本准则：“故圣人作则，必以天地为本，以阴阳为端，以四时为柄，以日星为纪。”（《礼记·礼运》）认为“以天地为本”，则人世间的一切事理皆可说明。因此，古代筵席礼仪列其位、定宾主、序尊卑都以此为重要依据。

1.列其位

我们的祖先认为，筵席的列位之法应“依天地而合其德”。何为“德”？《礼记·乡饮酒义》云：

俎豆有数曰圣，圣立而将之以敬曰礼，礼以体长幼曰德。德也者，得于身也。故曰：古之学术道者，将以得身也。是故圣人务焉。

这就是说，人的“礼”只有得于身才能称为“德”，而“德”只有通过学之后才能得于身。“依天地而合其德”显示出天地在人们心目中的特殊地位。“依天地”，天有春夏秋冬四时，地有东南西北四方，故筵席列位：

四面之坐，象四时也。天地严凝之气，始于西南而盛于西北，此天地之尊严气也，此天地之义气也。天地温厚之气，始于东北而盛于东南，此天地之盛德气也，此天地之仁气也。主人者尊宾，故坐宾于西北，而坐介于西南以辅宾。宾者，接人以义者也，故坐于西北。主人者，接人以仁，以德厚者也，故坐于东南，而坐僎于东北以辅主人也。

——《礼记·乡饮酒义》

出于这种意义，筵席四位之设象四时，四方四时各有其象，各有其意，用其意来定其位，这是中国古代筵席列位之法的重要依据。

2.定宾主

中国古代筵席除宫廷筵席、家宴之外，都有主有宾，这是成筵席的重要因素。宾和主是筵席的主客体，除主、宾外，还有副位之设。

《礼记·乡饮酒义》云：

乡饮酒之义，立宾以象天，立主以象地，设介僎以象日月，立三宾以象三光。古之制礼也，经之以天地，纪之以日月，参之以三光，政教之本也。

古人把筵席中的宾主之设及其副位之列，提高到“政教之本”的高度，足以说明筵席上主、客体的重要地位。主、客体各代表不同的礼仪对象，因而筵席上确定各自的位置依礼而行，符合“以天地为本”的原则。

3.序尊卑

礼的尊卑上下在筵席中表现最为突出。无论是宫廷盛宴还是家庭便宴，都有严格的尊卑次序。根据这严格的次序安排与筵者各自的席位，即为序尊卑。

古代筵席席位的尊卑次序，除“以天地为本”确定宾主介僎之位有如上述外，还以当时人们的崇尚目标为重要依据：或以爵，或以德，或以齿，或以亲疏而定贵贱尊卑，安排筵席的上下左右席位。《礼记·祭义》云：“昔者有虞氏贵德而尚齿，夏后氏贵爵而尚齿，殷人贵富而尚齿，周人贵亲而尚齿。”贵德、贵爵、贵富、贵亲均为不同时期的不同崇尚，尽管千差万别，但尚齿却是历代共同的、一致的。尚齿，崇尚年长者，进而尊老、敬老、养老。“以长为尊”是中华民族的传统美德。这一序尊卑的基本原则世代相袭，成为筵席礼仪中一个基本规矩。古代筵席中的“养老礼”“千叟宴”以及它的尊卑次序、座位排列都说明了这一点。

二、筵席席位

“席位”指的是与筵者在筵席中所居的位置，包括筵席的桌位与座位。筵席这一特殊的聚餐形式，有成套的礼仪程序和礼仪环节，布席列位是筵席礼仪程序中的首要环节。

1.席位的作用及设席原则

筵席席位排列不仅是为了显示筵席的规格、等级，而且是筵席礼仪明尊卑、别贵贱、序长幼、分宾主的具体体现。同时，席位排列也反映一个民族的风俗习惯与礼仪。因而，筵席席位排列直接关系筵席的整体效果。

筵席席位的排列顺序是以“礼”的尊卑上下原则为依据的。“各位不同，礼亦异数”，正反映了等级社会中等级观念与“礼”的关系。

古人设席分坐席与卧席。坐席以面向何方定尊卑次序，卧席则以足向何方定尊卑次序。不同的地点、不同的场合、不同的身份、不同的规格等级有不同的尊卑次序，这些次序是设席列位的准绳。

古人对席位的尊卑次序排列有首尾之分、上下之别。首者上也，为尊；尾者下也，为卑。与之相应，尊位就有上位、上席、上座、首位、首席等称谓。尊位的称谓还有“上首”。“上首”本是佛家用语，指一座寺庙中的主位。《观无量寿经》称：“三万二千菩萨众中，举文殊师利一人为上首。”后“上首”走出佛门，进入饮宴活动的筵席之中，成为一席中最尊的位置。与尊位相对的卑位，只有下席、下首称法，余皆不用。这可能是在筵席这种礼仪场合公然称呼欠雅的缘故。

筵席席位的尊卑关乎礼遇高低，因而受到古人的特别重视。《旧唐书·突厥下》载：

十八年，苏禄使至京师，玄宗御丹凤楼设宴。突厥先遣使入朝，是日亦来预宴，与苏禄使争长。突厥使曰："突骑施国小，本是突厥之臣，不宜居上。"苏禄使曰："今日此宴，乃为我设，不合居下。"于是中书门下及百僚议，遂于东西幕下两处分坐，突厥使在东，突骑施使在西。宴讫，厚赉而遣之。

可见席位排列在设筵待客时的重要性。自古以来，筵席之上为争席位高低而罢筵、退席甚至大打出手的事甚多。《礼记·仲尼燕居》云："室而无奥阼，则乱于堂室也；席而无上下，则乱于席上也。"《史记·叔孙通列传》记载：汉初年，刘邦称帝，"群臣饮酒争功，醉或妄呼，拔剑击柱"。对此乱局，叔孙通"采古礼与秦仪杂就之"，振朝仪，施礼教，定宴序。升堂，皇座北面南，臣文东武西，"莫不振恐肃敬"；入席"坐殿上皆仰首，以尊卑次起上寿"。从而"竟朝置酒，无敢喧哗失礼者"。刘邦大喜，连呼："吾乃今日知为皇帝之贵也！"

2.古代堂室的结构功能及布席制度

筵席的席位依"礼"而定，研究古代筵席席位的尊卑次序，首先要了解古代礼仪活动的集中地——堂室及堂室制度。堂室是古人设筵席、敬宾客的主要场所。堂室不一，礼仪尊卑的次序位置各异。

堂室同基是中国古代建筑的一个明显特色。古代建筑包括王室皇宫在内，座北朝南的位置是固定不变的，故有"圣人南面而听天下"之说。不仅建国制畿是遵循这个基本原则，就是古时权贵的官邸、富人的大宅以至贫民的寒舍，也都是座北朝南的朝向居多。

古时一般宅院，大门内有屏风，大门和屏风之间叫作“著”，屏风和正房之间的平地叫作“庭”，正房中间称作“堂”，堂的左右或后面的房间便是“室”。整个建筑便成堂室合一、堂室同基。在古代等级社会里，堂室的大小，房基的高低，台阶的多少，都是以主人的地位尊卑来决定的。地位尊崇，则房基高、台阶多、堂室面积大；地位卑下，则房基低、台阶少、堂室面积小。《礼记·礼器》云：“天子之堂九尺，诸侯七尺，大夫五尺，士三尺。”《周礼·冬官》对建筑有更严格的规定：

夏后氏世室，堂修二七，广四修一，五室，三四步，四三尺，九阶，四旁两夹，窗，白盛，门堂三之二，室三之一。殷人重屋，堂修七寻，堂崇三尺，四阿重屋。周人明堂，度九尺之筵，东西九筵，南北七筵，堂崇一筵，五室，凡室二筵，室中度以几，堂上度以筵，宫中度以寻。

尽管如此，堂室同基作为古代建筑的基本形式是无甚变化的。所谓“堂室同基”，是指堂和室建造在同一个房基之上，由同一个房顶覆盖。堂在前，室在后，堂大于室。墙的西边有窗，古人称牖。墙东边开门，升堂入室皆由此门进出。堂的东、西、北三面的墙，分别称为“东序”“西序”“北墙”（即堂与室之间的墙）。堂的南向临庭院的门为堂室的大门，即正门。这就是古代堂室建筑的基本结构。

堂室的结构是根据房主起居饮食、迎来送往、公务应酬等需要设计而成的。房屋的结构不同，其功能亦不同。堂室的功能分别是：堂上供房主议事、行礼，室内为起居寝息、祭祖祭神，外人一般不得入室。堂室结构主要是依其功能设计的，因而堂室的空间大小与房屋活动内容有关。周代的堂室以筵几为度，即“室中度以几，堂上度以筵”。以几筵为度正反映古人堂室功能与人们礼尚往来的宴饮活动的关系。古代筵席的主要设施是几和筵，以几筵为度，正显示筵席这一礼仪形式在人们日常生活中的位置。标准的堂室结构实际上只有少数富贵人家才能建造享用，而广大平民百姓是难以建造这种堂室分开的房屋的。平民一家多口同居一屋，一应起居饮食、礼尚往来挤于一室，故有“庶人祭于寝”之说。

堂与室的结构不同，功能也不同，因而尊卑位置也有差异。这些尊卑位置是古人设筵席、列席位的重要依据。清凌廷堪的礼学名著《礼经释例》云：“室中以东向为尊，堂上以南向为尊。”这是古代筵席设位次序的重要准则。

室中以东向为尊，这是古时“东方者主阳”的缘故。历史上著名的“鸿门宴”的座次就是如此。《史记·项羽本纪》云：

项王即日因留沛公与饮。项王、项伯东向坐，亚父南向坐。亚父者，范增也。沛公北向坐，张良西向侍。（见图22）

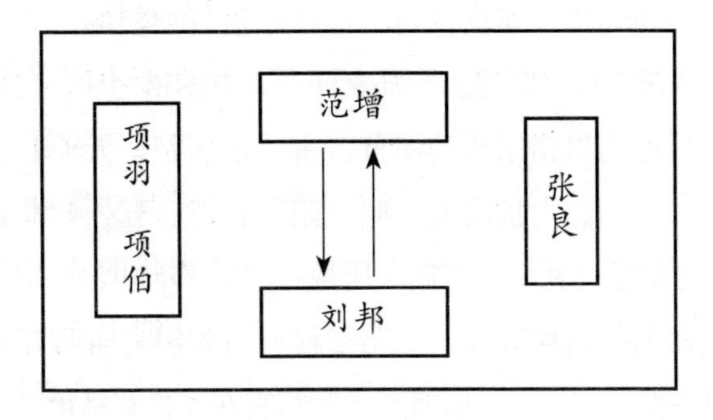

图22

司马迁不惜笔墨把鸿门宴上的座次描述得如此详细，这在古籍记载中是罕见的。其用意是通过项羽对座次的安排揭示项羽藐视刘邦的心理。项羽、项伯朝东坐居尊位，将叔父项伯列上首与其并座，项羽作为主人置客而不顾，与项伯并列上首，有失尊卑次序。范增是项羽的谋士，朝南坐北，位仅次项氏叔侄。刘邦朝北坐南，位居第三位。张良是刘邦手下的谋士，位列末位。“西向侍”，“侍”显出卑位。从中，我们可以了解古代室中座位的尊卑次序：最尊的座位是西墙设席，面东而坐；其次，是北墙前设席，面南而坐；再次，是南墙前设席，面北而坐；最卑的座位是东墙前设席，面西而坐（见图23）。

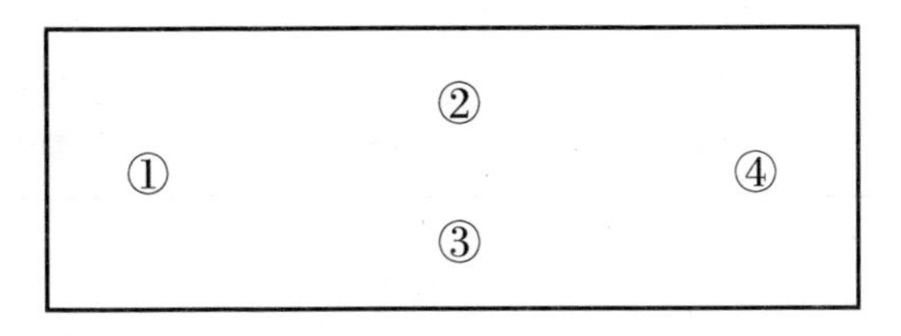

图23

室的功能中，祭祀活动是重要的礼仪形式，包括古代宗庙制度在内也是以“东向为尊”的次序进行列位的。《周礼·春官》云：“辨庙祧之昭穆。”郑玄注：“自始祖之后，父曰昭，子曰穆。”后亦用以指宗族的辈分。古代宗庙制，天子七庙，太祖庙居中；二、四、六世居左，叫“昭”；三、五、七世居右，称“穆”。这就是《礼记·王制》所说：“天子七庙，三昭三穆，与太祖之庙而七。诸侯五庙，二昭二穆，与太祖之庙而五。大夫三庙，一昭一穆，与太祖之庙而三。”郑玄在《鲁礼禘祫义》中对天子祭祖活动作了具体记载，对太祖庙“以东向为尊”的尊卑位置进行了详尽的排列。天子祭祖是在太祖庙的太室中举行的。其位排列是：太祖的神祖位最尊，东向；第二代神主位于太祖东北，南向；第三代神主位于太祖东南，北向，与第二代神主相对；第四代神主位于第二代之东，南向；第五代神主位于第三代之东，北向，与第四代神主相对；第六代神主位于第四代神主之东，南向；第七代神主位于第五代神主之东，北向，与第六代神主相对（见图24）。太祖左边之位为昭，右边之位为穆。祭祀者在东边面向西跪拜。

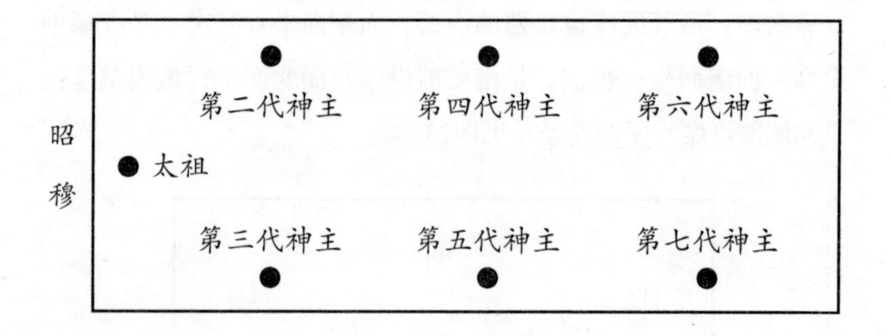

图24

尽管天子祭祖是在太祖庙的太室中进行，但与贵族、诸侯在室中祭祖是同样的排列次序。“室中以东向为尊”的次序有广泛的适用范围，适用于室中的任何礼仪活动形式。民间一般百姓虽然居住条件有限，但也多采用东向为尊的礼仪排列次序。

堂上的尊卑位置是按照堂的功能决定的。古时人们对堂的概念有多种解释。堂，也称殿，多指正房。汉代之前多称堂，汉代以后多称殿，唐代以后则多指帝王所居之房为殿。除此之外还有多种说法，如阶上室外称堂，面南坐北的房屋称堂屋等。古时国君例行公务或举行各种隆重的仪式多在正殿上进行。殿、堂皆南向，“圣人南面而听天下”，就是针对这种坐北朝南的殿堂而言的。天子坐在殿中的龙案前面向南方，大臣们按品位高低依次入殿，先面北朝君，由东向西一字排列（见图25），行礼之后又按文东武西分两旁侍立（见图26）。

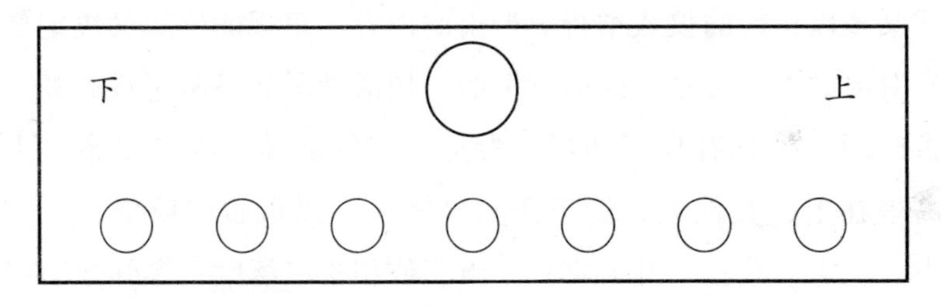

图25

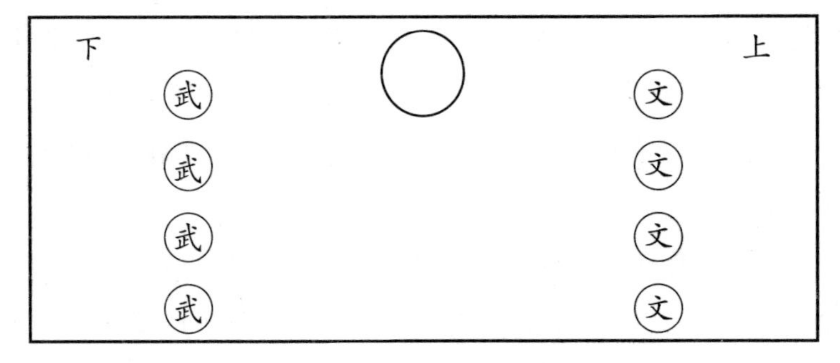

图26

正如《周礼·夏官》中所讲："正朝仪之位，辨其贵贱之等，王南卿，三公北面东上，孤东面北上，卿、大夫西面北上。"由此可见堂上的尊卑位置：天子坐北朝南之位最尊，其次以东为上。以东为上有两层含义：一是大臣们面北朝君行礼时，由东向西一字排列，以东为上；二是行礼后文东武西分别排列，以东为上。《史记·廉颇蔺相如列传》载，蔺相如当上了上卿，"位在廉颇之右"，廉颇不服气而闹情绪。所谓"位在廉颇之右"就是上殿面北朝君行礼时，蔺相如的位置排在廉颇的东面。左右东西之争，实质上是地位尊卑之争。

"堂上以南向为尊"，是由堂上活动形式、内容及堂的功能而决定的。堂上的活动内容主要是朝拜、议事、宴饮等，形式又多以正规的仪式举行。严肃的内容、正规的形式又决定尊卑对象的上下关系，因而堂上的一切活动平起平坐是没有的。古时殿堂上凡有皇帝和群臣参加的宴饮活动，唯有皇帝一人高坐在上，其他人只能设条案坐矮座，以示君高臣低。《宋史·礼志》载："凡大宴，宰臣、使相坐以绣墩；参知政事以下用二蒲墩，加罽毯；军都指挥使以上用一蒲墩；自朵殿（指东西侧堂）而下皆绯绿色毡条席。"除区别尊卑外，亦为跪拜行礼方便。赐宴时，每上一菜，每饮一杯，都要跪拜一次，高呼万岁。坐矮座、居低处，趴倒跪拜自然方便许多。在天子设高座之前，君臣皆席地而坐，坐向则是区别尊卑的主要方法。

堂上设席宴宾，首先要安排好宾客的位置。周代乡饮酒的席位安排是：主人在东序前西向坐；主宾位在户牖间南向而坐，是首位；副宾即"介"在西序前东向坐，与主人位相对

（见图27）。

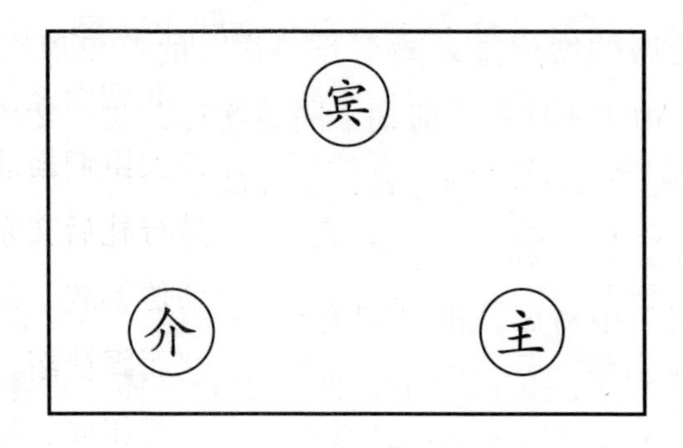

图27

大射礼的席位排列是：南向坐的是宾，西向坐的是公，东向坐的是大夫，北向坐的是诸公（见图28）。

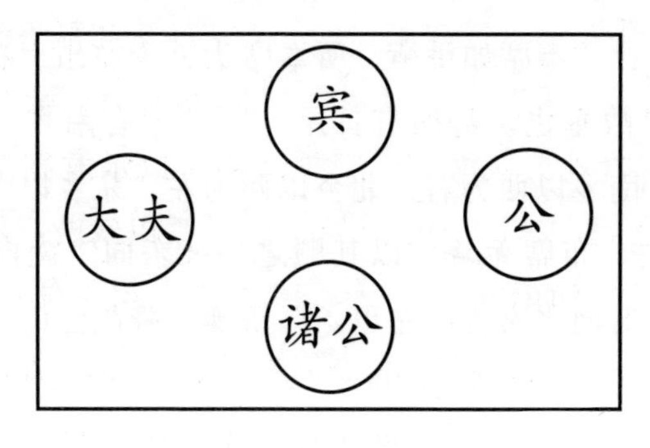

图28

从大射礼的席位尊卑排列看，将最尊位安排给宾客，余下再按堂上的尊卑方位依次排列。这种席位排列方法一直沿用至明清时期。

3.古代筵席席位的形式

古代筵席的席位排列离不开“礼”的尊卑原则和堂室制度。但是，由于不同历史时期不同的饮宴方式，又出现了多种因时、因势、因地的排列形式，这些都是“礼”的适用范围的扩大，是对堂室制度的继承和发展。

《礼记》中对席位的排列有许多论述，不仅谈到席位的座次，也谈到了座位的上下，而且十分具体、形象。如《礼记·曲礼》：

奉席如桥衡，请席何乡，请衽何趾。席南乡北乡，以西方为上；东乡西乡，以南方为上。

朱熹曰：“奉席如桥衡，所奉席头，令左昂、右低。左尊曰昂，右卑故垂也。舒席有首尾。”“席有南乡、北乡、东乡、西乡，南乡以西为右，北乡以西为左，东乡以南为右，西乡以南为左。布席无常，以其顺之……东向、南向之席皆尚右，西向、北向之席皆尚左也。”桥衡，陈澔注曰：“如桥之高，如衡之平，乃奉席之仪也。”

古时设筵席，席位的尊卑上下首先是以席的方向决定次序。“席有南乡、北乡、东乡、西乡”，“乡”即“向”，指面对的方向、席面的方向。至于“南乡以西为右，北乡以西为左，东乡以南为右，西乡以南为左”，则指左右之别随席的朝向而变化。左右变化，尊卑次序也随之变化（见图29）。

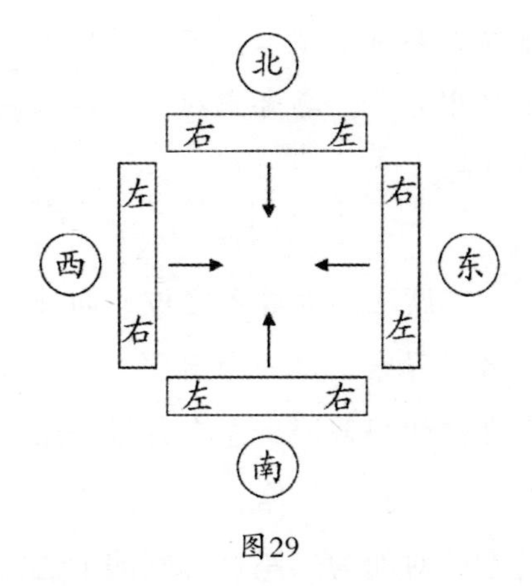

图29

不同的历史时期，筵席有不同的形式，席位的尊卑次序亦有变化。

殷周之前，设筵待客，每人一席。主宾居首席，坐北朝南，介（副宾）坐西朝东，主人坐东朝西（见图30）。与乡饮酒的席位相同，系遵照“堂上以南向为尊”的设席原则。

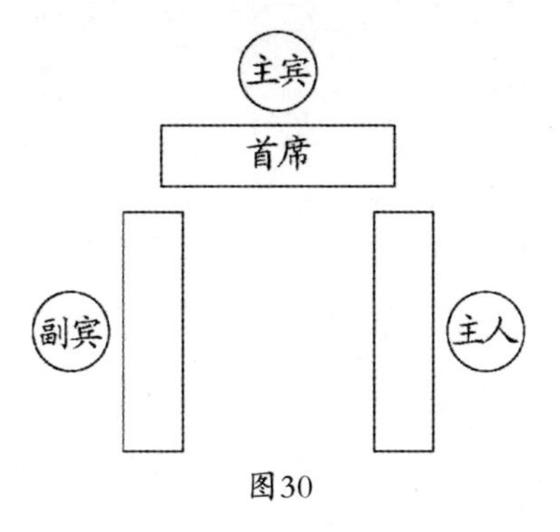

图30

《礼记·曲礼》中所称“坐不中席”则是四人席。孔颖达疏：

一席四人，则席端为上，今不云上席而言中者，旧通有二：一云敌无余席，非唯不可上，亦不可中也；一云共坐则席端为上，独坐则席中为尊。尊者宜独，不与人共则坐常居中，故卑者坐不得居中也。

一席坐四人，“席端”为尊者之位，而独坐则居席中，这与“群居五人长者必异席”是一个道理。“异席”是为长者另设一席。四人席在清代很普遍。左右各设一席，两席之间相距一丈，以便相互交谈。左右设席，左边的席位为首席，左边的座位为首座，首座的对面为二座，首座的下边为三座，二座的下边为四座（见图31）。

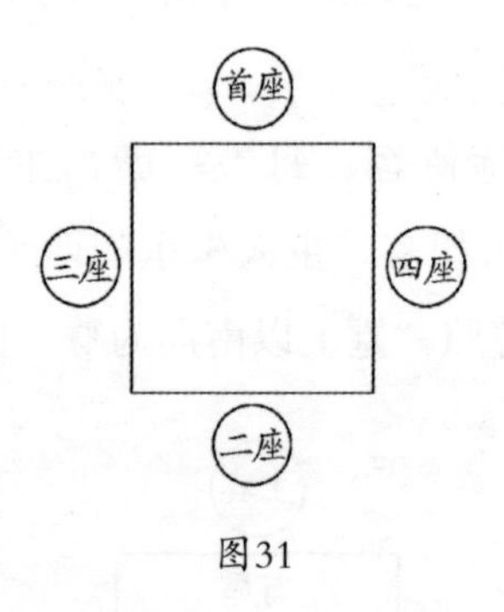

图31

这种排列方法是以“左为上”为原则的。同一场合并列摆放的两席桌面，左边一桌为首席。以首席言之，左边的座位为首座，即坐北面南之位；首座的对面为二座，即坐南面北之位，亦即首座的对面位；首座的下边为三座，既然“左为上”，那么右便为下，下边即右边；二座的下边即右边为四座。古代四人席的桌形或长或方，但它的席次是一样的。

筵席人数增多超过四人，除另设席外，考虑到同处一席便于交谈沟通，于是在桌的每面各设两位，这样一席可居八位。这种八人席使用的桌子，就是被后人称为“八仙桌”的正方桌。八人席的排列次序是：首座与二座相邻，首座的左边为三座，二座的右边为四座，与三座相邻的为五座，与四座相邻的为六座，依次类推（见图32）。但首座对面仍为主人的席位，形成主、宾对座的列位法。这种排列，不仅使多人同席便于交谈，而且依照礼的尊卑次序，突出主宾，左右有别，上下有序。

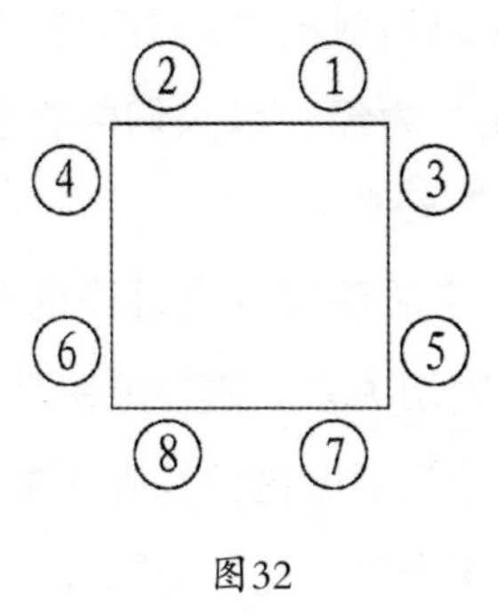

图32

三、筵席礼仪程序

筵席是抽象的“礼”在人际交往中形象、具体的表现形式。筵席是“礼”的需要，“礼”的仪式，“礼”的结合。筵席活动自始至终充满着“礼”，“礼”的仪式联结着筵席的每个环节。

筵席本身，是“礼”的一种需要，是为“礼”服务的一种特殊聚餐形式。席位的排列，体现出“礼”宾主、贵贱、尊卑、长幼之别；宴乐，既是“乐”的表现，又是“礼”的仪式；筵席菜肴，是“礼”与食的完美结合，既是食礼又是礼食；宴类、宴别是“礼”多层次、多形式的显示，筵席形式的变迁又是“礼”的发展以形成完整的礼仪制度；筵席事务则是对“礼”的补充和完善。宴充满“礼”，“礼”融于宴，这是中国古代筵席的精髓所在。如果说，筵席是因“筵”和“席”这两种用植物纤维编织而成的坐卧具而得名，那么，筵席这种饮宴形式便是以“礼”为经、以人们的物质和精神享受为纬精心编织而成的“礼乐”经典。

对古代筵席的礼仪活动进行全过程的分析，便能清楚地看到“礼”与“宴”的密切关系。这种关系具体靠“主”与“宾”来体现，主与宾的区分是筵席这种礼尚往来形式的体现。主待宾以“礼”而设宴，宾谢主以“礼”而回敬，这些礼尚往来的具体细节组成了古代筵席的礼仪程序。筵席的礼仪程序包括邀客、迎宾、入席、就位、敬酒、奉食、送客等，兹择要述之。

1.邀客

设筵待客，首先要邀请客人。古时，尤其明清时，邀客盛行使用请柬，即以文书形式通告被邀请的对象。这不仅仅表达对客人的尊敬，也能突出筵席的规格、档次，更能显示礼的面面俱到。关于请柬的格式，据明人顾起元《客坐赘语·南都旧日宴集》介绍：

先日用一帖，帖阔一寸三四分，长可五寸，不书某生，但具姓名拜耳，上书“某日午刻一饭”。……再后十余年，始用双帖，亦不过三折，长五六寸，阔二寸，方书眷生或侍生某拜。

请柬的尺寸、格式、内容、称谓等一应俱全，与今日请柬大同小异。

2.迎宾

迎宾是筵席礼仪中的第一仪式。古人设筵席款待宾客，宾至，主人亲临宅前大门迎接，是为“迎宾”。

《礼记·曲礼》云：

凡与客入者，每门让于客，客至于寝门，则主人请入为席，然后出迎客，客固辞，主人肃客而入。

“让于客”，是让客人先入。古时天子五门，诸侯三门，大夫二门，每入一门均需礼让，客难免要推让，主人俯手以揖请客先登。这是迎宾常礼。《仪礼》中有“三揖”“三让”“三辞”之说。主客见面，先作揖三次以为礼，然后主人让客先入，客谦而推辞，三让三辞后方入门。

迎宾礼仪中，主宾相见在特定场合有“趋而进之”的礼节。趋，小步快走之意。主见客或地位、辈分低者见到位高者、长辈时趋前施礼，是热情有礼的举止。

3.入席

登堂入室，行走次序也很讲究。主、宾相见，经过“三揖三让”之后，方才拾阶步入堂室。《礼记·曲礼》云：

主人入门而右，客入门而左，主人就东阶，客就西阶。客若降等，则就主人之阶，主人固辞，然后客复就西阶。主人与客让登，主人先登，客从之，拾级聚足，连步以上。上于东阶，则先右足，上于西阶，则先左足。

对拾阶之左右、举足之前后，规定得十分具体。主客谦让，礼让三先，为尽地主之谊，主让客先行，客不敢居先，因而“主人先而客继之”。领宾入席，主足先行，客足相随，“拾级聚足，连步以上”，不仅条理有序，且具有节奏感，更显示出“礼”的庄严。

主人领宾进入堂室之后，“出入，则或先或后，而敬扶持之；进盥，少者奉盘，长者奉水，请沃盥，盥卒授巾（《礼记·内则》）。入席就座前，有人奉盘，有人奉水，有人授巾，请宾客洗尘洁手净面，这既是筵席的礼仪组成，又是进餐前的卫生之举，完全符合饮食卫生的要求。古人设筵待客设想得如此周全，令人叹为观止。

4.就位

就位，指筵席中宾主所就座的位置。古人设筵布席，“各位不同，礼亦异数”。以“礼”分宾主，以“礼”明尊卑，以“礼”定席位。位之尊卑，依设筵的场所、布席的类别而定。

设筵于堂上，以坐北朝南为尊；设筵于室中，以坐西朝东为尊，这些上节已有详述，兹不赘言。古人席地而坐，依“礼”定法，以法坐为礼坐。礼坐之法为两膝着席，臀部坐在两脚的后跟上。若独处，可稍松懈，此时臀部可坐于席上，两脚前伸，称为“箕踞”。在筵席上，箕踞自然是绝不允许的，即坐姿坐态也都有讲究，“并坐不横肱”，“食坐尽前，坐必安”。

入座是筵席仪礼中的重要环节，安排座位必须严格按照礼的尊卑次序，不能有丝毫疏忽，因而历来有“客好请，位难排”的说法。

5.敬酒

筵席礼仪中数敬酒最为复杂、繁琐。敬酒的次数、快慢、先后，甚至由何人敬酒、如何敬酒都有礼数，不能马虎。酒在筵席中的作用与菜肴相当，古有“无酒不成席”“有礼之会，无酒不行”的说法，所以筵席亦称“酒席”。酒在筵席中不仅是“礼”的需要，更起着乐的作用。依酒成礼，借酒助兴，以酒作乐，酒是筵席的重要内容。

筵席中饮酒依礼，敬酒有序。古时主人进酒曰“酬”，客回敬主人曰“酢”，酌而无酬酢曰“醮”。《礼记·曲礼》云：

侍饮于长者，酒进则起。拜受于尊所，长者辞，少者反席而饮。长者举未釂，少者不敢饮。长者赐，少者贱者不敢辞。

尊卑地位不同，长幼身份不一，敬长赐贱都有礼规，要求长者、尊者依礼必正，少者、卑者受礼必从。这是古代筵席上饮酒的基本礼节。敬酒，视宾客身份的尊卑、宾主关系的亲疏、筵席等级的高低、场面规模的大小，或由奴仆或由侍妾或由主人亲自执壶把盏酌酒于客。

周代筵礼，若主人敬酒，先从几上取杯，洗净后再斟酒，斟满杯后，双手捧送至客人手中，客人双手接过一饮而尽，然后置空杯于几上。客人回敬也是如此。

当然，敬酒礼仪对天子是不适用的。即使是天子赐宴，也不亲自敬酒。这是因为“天子无客礼”的缘故，谁敢让天子对自己以客相待呢？不过，历史上也有例外。《周书·武帝纪》载：“（武帝）每宴会将士，必自执杯劝酒，或手付赐物。”贵为天子，肯屈尊取悦于将士，是难能可贵的。

古代筵席有礼貌待客的传统，因而对缺乏酒量甚至涓滴不沾的宾客不强人所难，采用其他饮料代替。《汉书·楚元王传》：“元王敬礼申公等，穆生不嗜酒，元王每置酒，常为穆生设醴。”（“醴”是酒精度不高的甜酒）甚至有以茶代酒的。《三国志·吴志·韦曜传》载，吴主孙皓宴客，韦曜不善饮酒，孙皓甚至“密赐茶荈以当酒”。

6.奉食

古代祭祀在献酒之后，以燔肉或炙肝之类置于俎上从而荐之，谓之“从献”。这是筵席奉食的由来。

在桌椅未产生之前，古代筵席菜肴都置于几案之上。菜肴安放的先后位置都有明确的规定。《礼记·曲礼》：

> 凡进食之礼，左殽右胾。食居人之左，羹居人之右。脍炙处外，醯酱处内；葱渫处末，酒浆处右。以脯修置者，左朐右末。

古时肉带骨曰“殽”，纯肉块曰“胾”。带骨肉块放在左边，纯肉块放在右边。饭、羹之属有燥湿之别，分置左右。菜肴离食者远一些，调料离食者近一些，配料放在角落处，饮料放置右边近身处。如有“脯修”之类的干肉，则弯曲部位的大块即“朐”放在左边，直条小块即“末”放在右边顺手处。这种安排，充分考虑到与宴者取食的方便。

以整为贵，是古代筵席的一条重要奉食原则。整鸡、整鸭、整鱼等等，往往以整形菜体现筵席的规格等级。由于整形菜有形、有面、有头尾，因而形面所向、头尾所对均有奉食礼数。《礼记》中所称“昂首垂尾，横奉之”，是古时整形菜奉食的礼仪规定。有头有尾的整形菜，头应朝向主要宾客。《礼记·少仪》中的记载似乎更合乎情理，如：“羞濡鱼者进尾，冬右腴，夏右鳍。”上红烧鱼，以鱼尾向着宾客；冬天鱼肚向着宾客的右方，夏天鱼脊向着宾客的右方。当然，这只是奉食的礼节，并非意味整形菜的头应当由主要宾客食用。至今，席上待客奉食还有“鱼不献脊，鸡不献头，鸭不献掌”之说，这是对古时筵席奉食原则的继承和改革。

分菜亦称“派菜”，是筵席上奉食的又一形式。分菜，把菜肴的不同质地的不同部位分别敬奉宾客，同样也体现着“礼”的尊卑次序。《大茶饭仪》介绍分派整形菜的原则是:“凡头牲各分面前，头尾、胷肤献于长者，腿翼净肉献于中者，以剩者并散于衹应等人。”整形菜的不同部位，质地、口味均不同，择优敬奉长者、贵宾，符合“礼”的要求，也体现出主人的心意。另上菜也有动作要领，“凡齐，执之以右，居之与左”。即凡上五味调和的菜肴，要用右手握持，而托捧于左手之上，以防汤汁溅出。

筵席是出于礼的需要而进行的社交活动，宗旨自应围绕特定的主题，以聚餐的形式进行对话和情感交流。因而奉食既要殷勤热情，又要听从客便，绝不能强劝硬派。“礼多人不怪”往往适得其反。古时对国君劝食，以三次为度。对此，清代美食家袁枚说：

治具宴客，礼也。然一肴既上，理宜凭客举箸，精肥整碎，各有所好，听从客便，方是道理，何必强让之？常见主人以箸夹取，堆置客前，污盘没碗，令人生厌。须知客非无手无目之人，又非儿童新妇，怕羞忍饿。何必以村妪小家子之见解待之？其慢客也至矣！近日倡家，尤多此种恶习，以箸取菜，硬入人口，有类强奸，殊为可恶。

——《随园食单》

客随主便，主顺客意，无论从卫生的角度，还是从节约方面考虑，袁枚老人的忠告，都是肺腑之言、文明之举。

筵席礼仪的程序化、规范化被人们普遍接受以至应用，正说明礼的价值。其适用性，连民间平民百姓处家过日子亦尽力为之。乐府诗《陇西行》描述了一次家庭筵席礼仪的全过程：

好妇出迎客，颜色正敷愉。伸腰再拜跪，问客平安不？请客北堂上，坐客毡氍毹。清白各异樽，酒上正华疏。酌酒持与客，客言主人持。却略再拜跪，然后持一杯。谈笑未及竟，左顾敕中厨。促令办粗饭，慎莫使稽留。废礼送客出，盈盈府中趋。送客亦不远，足不过门枢。

邀客、迎宾、入席、就位、敬酒、奉食、送客，一无遗漏。

用今人的眼光看古代筵席的礼仪，尽管琐碎繁缛，但通过礼的尊卑次序整合人际交往，不仅提高了礼的运用价值，扩大了礼的应用范围，同时对人类文明素质的整体提升，起到了不可低估的积极作用。

【第三章】

古代筵席种种

中国古代筵席经过长期的变迁和发展，呈现出绚丽多姿、异彩纷呈的局面。各种筵席烹文煮史引经据典，产生了名目繁多、形式各异的传世名筵。

一、夏商周三代的筵席

中国古代筵席在其起源与形成过程中，与“礼”及祭祀活动紧密相联。夏商周三代筵席，无论从筵席名称、种类，还是礼仪程序、宴享菜单等，都明显反映出这一特征。

从虞舜时代的燕礼，夏代的飨礼，商代的食礼，到“修而兼用之”的周礼，都十分讲究礼仪程序，讲究“礼”的范围，强调“礼”的功用，甚至其称谓都是以“礼”而不是以“筵”的名目。这本身就说明夏商周三代的筵席受“礼”的作用和祭祀活动的影响是直接的。因而夏商周三代筵席具有主题宗旨直观、礼仪程序复杂、与祭祀关系密切等特点。直至周公制礼对筵席有了明确的规定后，这些特点在筵席中也仍然清晰可见。

1.礼仪筵席

夏商周三代比较著名和正规的筵席多为礼仪筵席，即礼筵。礼筵突出一个“礼”字，主题直观，宗旨单一，只强调礼仪程序，主要表现为：

第一，筵席名称称“礼”不称“筵”。以“养老礼”为例。《礼记·王制》云："凡养老，有虞氏以燕礼，夏后氏以飨礼，殷人以食礼，周人修而兼用之。"燕礼、飨礼、食礼和"修而兼用"之"礼"，都是以饮食款待宾客的筵席。称"礼"不称"筵"，正说明夏商周三代筵席与礼的密切关系。

第二，注重"礼"的仪式甚于筵席的实际内容。无论是燕礼的"一献之礼既毕，皆坐而饮酒，以至于醉"，飨礼的"体荐而不食，爵盈而不饮，立而不坐，依尊卑为献，数毕而止"，还是食礼的"食礼九举，及公食大夫之类，谓之礼食，其臣下自与宾客旦夕共食"，都是以"礼"的仪式程序为主，不太注意筵席饮食的实际内容。称这类筵席为礼筵是名副其实的。

第三，筵席的对象范围有一定的局限性。夏商周三代筵席的对象范围只局限于同姓、异姓、诸侯来朝、王亲戚及诸臣来聘、戎狄之君使来、耆老孤子等，仍以"养老"为主要对象。

第四，以饮为主，食为辅。夏商周三代筵席没有过多的菜肴。或饮酒只有狗肉；或以醉为度，菜品不多。之所以如此，除受当时物质条件限制外，主要还是因为这类筵席受祭祀的影响，以"礼"为主要内容。

夏商周三代的礼仪筵席对于当时人们的礼尚往来具有重要意义。尤其是"养老礼"，对传统孝道的传承，对后世筵席的发展起到了重要的推动作用。据《礼记》《周礼》等文献记载：

虞舜时代的燕礼

一献之礼既毕，皆坐而饮酒，以至于醉。其牲用狗。其礼亦有二，一是燕同姓，一是燕异姓也。

——《礼记·王制》

这是周人追记的虞舜时代的养老礼。上古“养老礼”，每年举行多次。这种“燕礼”是我国最早的筵席。它有时以族宴形式出现，有时也可接待外姓客人。

夏代的飨礼

体荐而不食，爵盈而不饮，立而不坐，依尊卑而献，数毕而止。然亦有四焉——诸侯来朝，一也；王亲戚及诸侯之臣来聘，二也；戎狄之君使来，三也；享宿卫及耆老孤子，四也。惟宿卫及耆老孤子则以酒醉为度。（明胡广等编《礼记大全》卷五）

这是周人追记的夏代饮宴。这种“飨礼”，以酒为主，菜品不多，只在接待诸侯、皇亲、外邦使节和耆老时举行。

殷朝的食礼

有饭有殽，虽设酒而不饮，其礼以饭为主，故曰食也。然亦有二焉——大行人云食礼九举，及公食大夫之类，谓之礼食，其臣下自与宾客旦夕共食，则谓之燕食也。（明胡广等编《礼记大全》卷五）

殷代农业较盛，故食礼以饭为主。而牛羊犬豕之畜较多，食畜肉不甚珍异。这是周人追记的殷朝小宴。这种“食礼”，分宫廷礼食和官府燕食两类，其中有些席面是为老人设的，这种小宴当时比较普遍。飨礼以酒为主，食礼以饭为主，充分体现礼以物质为基础的现实。

商周的祀筵

共荐羞之豆实。宾客、丧纪亦如之。为王及后、世子共其内羞。王举，则共醢六十瓮，以五齐、七醢、七菹、三臡实之。宾客之礼，共醢五十瓮。凡事，共醢。（《周礼》）

天子之豆二十有六，诸公十有六，诸侯十有二，上大夫八，下大夫六。诸侯七介七牢，大夫五介五牢。

商周的祀筵，名为祭祖，实则饷人，其席面有严格的等级标准，后来演变为筵宴规格。这两则资料，对于研究先秦筵席款式很有帮助。

2.宫廷筵席

一般认为，中国古代皇室御膳的起源可以追溯到商周时期，因为此时已形成了正式的朝廷王宫，而且专为王宫御膳的宫廷菜已载诸史书，宫廷菜肴是宫廷筵席的主要内容。

宫廷筵席的范围扩大，表现为天子礼待宾客的名目增多和筵席种类的扩大。如《周礼·春官》：

以嘉礼亲万民，以饮食之礼亲宗族兄弟，以婚冠之礼亲成男女，以宾射之礼亲故旧朋友，以飨燕之礼亲四方之宾客，以脤膰之礼亲兄弟之国，以贺庆之礼亲异姓之国。

所言都是以周天子为中心的宫廷筵席，显然，“礼”的对象、范围已远超过礼筵。

宫廷筵席内容的充实，表现为设筵的目的十分明确。如宴宗族兄弟的“饮食之礼”，是为了致其爱；宴四方宾客的“飨燕之礼”，是为了致其敬。敬和爱，都是“礼”的本意，也是设筵者的用意之所在。宫廷筵席，无论是君赐于臣，还是臣受于君，都非徒为饮食，而是以通上下之情、和左右之欢为基本目的的。

宫廷筵席饮食搭配的合理，表现为席面的多样和筵席菜肴的丰富，与“以饮为主”和“以饭为主”的礼筵格局截然不同。《周礼·天官》所载周天子的食单，足可显示当时宫廷筵席的饮食内容：

凡王之馈，食用六谷，膳用六牲，饮用六清，馐用百有二十品，珍用八物，酱用百有二十瓮。

“六谷”，即稻、黍、稷、粱、麦、菰；“六牲”，即马、牛、羊、豕、犬、鸡；“六清”，即水、浆、醴、凉、酱、酏；“八物”，即周代八珍：淳熬（肉酱油烧饭）、淳母（肉酱油浇黄米饭）、炮豚（煨、烤、炸、炖乳猪）、炮牂（煨、烤、炸、炖母羔）、擣珍（烧牛、羊、鹿里脊）、渍（酒糟牛羊肉）、熬（五香酱卤牛肉干）、肝膋（烧烤油泡狗肝）。周代八珍基本上体现了当时宫廷筵席的规格档次和烹饪技艺。

殷纣王荒淫无度，在宫中摆宴享受，《史记·殷本纪》记载：“（纣王）好酒淫乐……以酒为池，悬肉为林，使男女裸，相逐其间，为长夜之饮。”

这是一种冶游宴，主要菜品是烤肉，是后世烧烤席的先导了。纣王无道，酒池肉林，反映出商代奴隶主贵族穷奢极欲、荒淫无耻的生活。

3.周公制礼对筵席的规定

周公，指的是西周初期辅佐周成王管理国家的周公姬旦。他鉴于殷王朝的统治者因荒淫无度导致政权覆亡的历史教训，为巩固周王朝的统治而制定了一整套典章制度。《周礼》所记载礼的体系最为系统，通过官制来表达治国方策。其中，对饮食包括筵席礼仪作了许多具体的规定，如筵席的等级、范围、礼仪程序，筵席的规格、标准、方式、宴乐、菜单等，都是按照等级尊卑制定。

比如，对筵席的设几布筵，《周礼·春官》规定有“司几筵”一职专掌其事：

司几筵，掌五几五席之名物，辨其用与其位。凡大朝觐、大飨射，凡封国、命诸侯，王位设黼依，依前南乡，设莞筵、纷纯，加缫席、画纯，加次席、黼纯，左右玉几。祀先王昨席，亦如之。……筵国宾于牖前，亦如之。

又如，对筵席的尊卑位次，《周礼·夏官》规定有“司士”一职专掌其事：

司士，掌群臣之版，以治其政令。……正朝仪之位，辨其贵贱之等。王南乡，三公北面东上，孤东面北上，卿大夫西面北上……宾客，亦如之。

再如，对筵席菜单，《周礼·秋官》规定有“掌客”一职专掌其事：

掌客，掌四方宾客之牢礼、饩献、饮食之等数，与其政治。王合诸侯而飨礼，则具十有二牢，庶具百物备。诸侯长十有再献。……凡诸侯之礼，上公五积，皆饩飧牵，三问皆修。凡介、行人、宰、史皆有牢，飧五牢、食四十、簠十、豆四十、铏四十有二、壶四十、鼎簋十有二、牲三十有六，皆陈。……凡介、行人、宰、史皆有飧饔饩，以其爵等为之牢礼之陈数，唯上介有禽献。

还如，对食物选料，《周礼·天官》规定有“庖人”一职专掌其事：

庖人，掌共六畜、六兽、六禽，辨其名物。凡其死生鲜薨之物，以共王之膳，与其荐羞之物，及后世子之膳羞，共祭祀之好羞，共丧纪之庶羞，宾客之禽献。凡令禽献，以法授之。其出入，亦如之。凡用禽献：春行羔豚，膳膏香；夏行腒鱐，膳膏臊；秋行犊麛，膳膏腥；冬行鲜羽，膳膏膻。岁终，则会，唯王及后之膳禽不会。

显然，周公制礼不仅规定了筵席的礼仪程序，对筵席的等级、膳食名物等以官制的形式制度化，其中有些规制本身就是对当时饮食和设筵的经验总结，这为后世筵席的发展提供了重要的依据，产生了深远的影响。

二、封建时代的筵席

在漫长的有文字记载的中国历史上，封建时代持续的时间最长，经历的朝代最多，中国古代筵席在封建时代变化最大，发展最快。筵席作为人类饮食文明的产物，经过起源至最终成型的演变，受到周公制礼的深远影响。秦汉以后，筵席在旧制的基础上有较大改观，出现了各种各样更适应人们礼尚往来需要的筵席。

封建时代筵席变化之大、发展之快，突出表现在筵席范围的扩大、筵席种类的增多、筵席档次的提高和筵席内容的充实，它已远远超过了夏商周三代筵席。正如翦伯赞先生《中国史纲》对秦汉宫廷筵席描述的那样："当其宴享群臣之时，则庭实千品，旨酒万钟，列金罍，班玉觞，御以嘉珍，飨以太牢。管弦钟鼓，异音齐鸣，九功八佾，同时并舞。"宫廷筵席的推陈出新，臣僚接驾宴的亦步亦趋，地方官府宴的标新立异，推动古代筵席的变迁发展。与此同时，对民间的各类宴享活动，诸如社交筵席、家庭筵席、节庆筵席及少数民族筵席也会有所影响。封建时代是中国古代筵席发展的鼎盛阶段。

1.宫廷筵席

封建时代宫廷筵席发展很快，这除了受周公制礼的直接影响外，同历代统治者的标新立异、挥霍享乐也是有关的。尽管如此，封建时代宫廷礼筵从内容到形式仍带有夏商周三代筵席的痕迹，未完全摆脱刻板、繁琐、保守的色彩。因而，封建时代的宫廷礼筵往往隆重而拘于礼节，盛大而流于形式。与宫廷礼筵不同，宫廷便宴则比较轻松一些。

宫廷礼筵主要是指因国家重要庆典和重大礼仪活动而举办的筵席。其规格、规模、形式、程序，在夏商周三代的基础上有较大的发展。这类筵席特别强调礼仪程序，包括宾客的进出次序、入座先后、尊卑座次、膳馔品种数量等，都有严格的规定，与筵者无论职位大小、品位高低都须小心从事，不得有丝毫差错。

以《诗经》的篇名冠名的筵席，在中国古代宫廷筵席中占有一定比例。《诗经》中的《鹿鸣》《棠棣》《湛露》等篇，其内容与筵席的主题有一定的联系，因而都被移用为筵席名称。

《诗经·小雅·鹿鸣》："呦呦鹿鸣，食野之苹。我有嘉宾，鼓瑟吹笙。"《鹿鸣》本是西周统治者宴会宾客时所奏的乐歌。鹿，善良温顺合群，每当觅得美食，哪怕为数不多，也本能地呦呦邀众，同食共尝。将之移用为天子宴群臣嘉宾这类筵席的名称，寓意颇佳。

鹿鸣筵是朝廷为国家庆典、祝捷、册封、加冕、改元、招待外国重要使节等而举行的盛大筵席。这类天子宴群臣嘉宾的礼筵，隆重正规，十分讲究礼仪程序，历代都有专门机构负责组织安排。《水浒传》第八十二回中曾描述过这类“琼林御宴”的场面：

筵开玳瑁，七宝器黄金嵌就；炉列麒麟，百和香龙脑修成。玻璃盏间琥珀钟，玛瑙杯连珊瑚斝。赤瑛盘内，高堆麟脯鸾肝；紫玉碟中，满饤骆驼熊掌。桃花汤洁，缕塞北之黄羊；银丝脍鲜，剖江南之赤鲤。黄金盏满泛香醪，紫霞杯滟浮琼液。……五俎八簋，百味庶馐。……糖浇就甘甜狮仙，面制成香酥定胜。……方当进酒五巡，正是汤陈三献。教坊司凤鸾韶舞，礼乐司排长伶官……六十四回队舞优人，百二十名散做乐工，搬演杂剧，装孤打撺。

文艺作品的描写内容或有些夸张，但也反映出封建时代这类宫廷礼筵的盛大奢华。

《诗经·小雅·棠棣》：“棠棣之华，鄂不韡韡。凡今之人，莫如兄弟。”写兄弟之情，是西周统治者宴兄弟的乐歌。因而宴请兄弟的筵席便称为“棠棣筵”。这类筵席在宫廷筵席中为数较少。

《诗经·小雅·湛露》：“湛湛露斯，匪阳不晞。厌厌夜饮，不醉无归。”相传《湛露》是西周王室盛时，周天子夜宴同姓诸侯的乐歌。因而宴请诸侯的筵席便称为“湛露筵”。唐代诗人白居易《太平乐词》之二——“湛露浮尧酒，薰风起舜舞。愿同尧舜意，所乐在人和。”——写的就是湛露筵。

除鹿鸣、棠棣、湛露外，以《诗经》篇名命名的宫廷筵席还有很多，如伐木、四牲、鱼丽、南山有台、南有嘉鱼等。这些筵名发端于宫廷筵席，后来走出宫廷，间或为民间筵席所采用。

宫廷筵席除正规的礼筵外，还有名目繁多的各类主题筵席，如节日筵、生辰筵、时令筵、游筵等。这类筵席没有礼筵那样正规、隆重，礼仪程序相对简单，故称之为宫廷便宴。

宫廷便宴自西汉后比较盛行。节日筵源自西汉的岁首朝贺。魏晋以后，又有贺冬至筵。皇帝的生日唐时称千秋节。《旧唐诗·玄宗本纪》载，开元十七年秋八月癸亥，玄宗设筵会百官于花萼楼下，百官表请以每年八月五日玄宗的生日为千秋节，天下诸州皆令设筵庆贺，休暇三日。天宝七年，改千秋节为天长节。宋代以降，皇帝的生辰筵规模不断扩大。四时节令历来受到封建统治者的重视，因而逢年过节宫廷内与民间一样热闹，时令筵四时不断。明代沈德符《万历野获编》卷一“赐百官食”云：

太祖时，百官朝退，必赐食于廷。……至末年赐亦渐疏。唯每月朔望日，各衙门大小堂上官，俱有支待酒馔。历文昭章三朝皆然。直至正统七年，光禄卿奈亨始奏罢之。唯元旦、冬至两大节筵宴，礼部奏请举行，其他如立春则吃春饼，正月元夕吃元宵圆子，四月八日吃不落夹，五月端午吃粽子，九月重阳吃糕，腊月八日吃腊面，俱光禄先期上闻。凡朝参官，例得餍饫天恩，亦太平宴衎景象也。至若万寿圣节、郊祀庆成，则有大燕。太后圣诞，皇后令诞，太子千秋，俱赐寿面，又不在此例。

明清时期宫廷内的时令筵席与食俗，对中华民族年节食俗的形成与发展有巨大的影响。

宫廷筵席中的便宴，随着时代的变迁，朝代的替换，便宴不便，逐趋奢华。《梁书》卷三十八中对南朝梁宫的宴席又有另一番记载："夫食方丈于前，所甘一味。今之燕喜，相竞夸豪，积果如山岳，列肴同绮绣，露台之产，不周一燕之资，而宾主之间，裁取满腹，未及下堂，已同臭腐。"摆阔夸豪之风越演越烈，使宫廷便宴的初衷本意彻底变味，宫廷筵席的随心所欲，对古代筵席的发展势必带来不可低估的负面影响。

元代蒙汉兼融的民族饮食文化，在宫廷御膳、民间饮食中表现尤为突出。汉食的精美，蒙餐的质朴，促进蒙汉饮食的互补共融。元代蒙古统治者在承袭宋、金两朝遗风的同时，一代天骄的大漠情怀，草牧游民的塞北风尚在宫廷盛宴中仍占主导地位，饮食礼仪制度日益繁复。宫廷盛宴名目颇多，每日小宴家常便饭，隔日大宴习以为常，随心所欲，穷奢极侈。熊梦祥的《析津志》说道：

> 车驾自四月内幸上都，太史奏某日立秋，乃摘红叶。涓日张燕，侍臣进红叶。秋日，三宫太子诸王共庆此会，上亦簪秋叶于帽，张乐大燕，名"压节序"。若紫菊开及金莲开，皆设燕。盖宫中内外宫府饮宴，必有名目，不妄为张燕也。

元代宫廷宴享无须巧立皆成名目。诸如斗巧宴、爽心宴、赏月饮、开颜宴等等，五花八门。春夏秋冬四季，花开花落无常，随心所欲成宴，阴晴雨雪甚忙。

值得注意的是，封建皇帝宴请群臣虽铺张却并不一味浪费，席上吃剩的菜肴点心往往要与宴者带回。明代陆深《金台纪闻》载："廷宴余物怀归，起于唐宣宗。时宴百官罢，拜舞遗下果物。怪问，咸曰：'归献父母及遗小儿。'上敕太官：今后大宴，文武官给食两分，一与父母，别给果子与男女，所食余者听以帕子怀归。今此制尚存，然有以怀归不尽而获罪者。"看来，今人"吃不了兜着走"，简称"打包"，此举是有历史依据的，"怀归不尽"居然还会"获罪"。这种珍视食物的做法值得提倡的。

在中国古代宫廷筵席中，尽管各朝各代在宴享形式、场面上有所不同，但就其筵席的实际内容，包括筵席菜单的编排上，食物原料的选择上、菜品制作的工艺上，力求尽善尽美。尤其是明清以来，烹饪技艺更趋炉火纯青，创造出中华烹饪史上诸多"之最"。

楚人重鱼、崇凤、尚赤。可以从楚地、楚宫、楚王的三席菜单看出。正如《史记·货殖列传》所言："楚越之地，地广人稀，饭稻羹鱼。"食味以"和酸若苦，陈吴羹些"。按李渔解："汤即羹，煲食也。"可见早在二千五百年前，楚人就有善于煲馔调羹、主食以米谷为主的饮食习俗。

战国时期楚宫筵席（《楚辞·招魂》）

（1）主食：大米饭、小米饭、新麦饭、黄粱饭。

（2）菜品：烧甲鱼、炖牛脯、烤羊羔、烹天鹅、扒肥雁、卤油鸡、烩野鸭、焖大龟。

（3）点心：酥麻花、炸馓子、油煎饼、蜜糖糕。

（4）饮料：冰甜酒、甘蔗汁、酸辣汤。

这是现代筵席的鼻祖，其基本格式至今仍在沿用。

战国时期楚王菜单（《楚辞·大招》）

（1）主食：小米、黄米、新麦、豆米、麻籽、菰米、黄粱。

（2）菜品：肉鸩、青鸽、黄鹄、豺羹、鲜蠵、甘鸡、醢豚、苦狗、炙鸹、烝凫、烧鹑、煎鲼、臛雀、烹鹿、莼菜、茼蒿、苴菜、蒌菜。

（3）饮料：楚酪、吴酸、吴醴、楚沥。

这桌筵席菜品比较丰富，荤素搭配较合理。

汉代楚地的王宫筵席（枚乘《七发》）

（1）主要菜品：牛肉笋蒲、石花狗羹、芍药熊掌、叉烧兽脊、紫苏鱼片、清炒锦鸡、白露菜心、红焖豹胎。

（2）饮料：兰花美酒。

（3）饮食：楚乡粳稻饭，雕胡珠米粥。

晋代官府盛筵（张华《宴会歌》）

汉人尤注重味道，讲究原味和美味，强调食物的合理搭配和食品的多样化。这也是汉人饮食生活的重要特征。这桌筵席无论是原料选用和荤素搭配，还是烹制技法和调料配合，都达到了新的高度。

冠盖云集，樽俎星陈。

肴蒸多品，八珍代变。
羽爵无算，究乐极宴。
歌者流声，舞者投袂。

晋朝上层社会风气奢靡。太傅何曾日食万钱还嫌“无下箸处”；其子何劭“食必尽四方珍美，一日之供，以钱二万”；高阳王元雍，每餐饭“必以数万钱为限”；河间王元琛，餐具全是金银美玉制成。张华的《宴会歌》即是这一史实的写照。

南齐的祭筵（《南齐书》）

永明九年（491）正月，诏太庙四时祭，荐宣帝：面起饼、鸭臛；孝皇后：笋、鸭卵、脯酱、炙白肉；高皇帝荐：肉脍、菹羹；昭皇后：茗、粣、炙鱼，皆所嗜也。

——《南齐书》卷九

这是为南齐两个皇帝、两个皇后分别准备的祭筵，每人享用的菜点二至五道不等，都是死者生前喜爱的食品。

唐玄宗的临光宴（《影灯记》）

每逢正月十五之夜，唐玄宗经常携带嫔妃在长春殿举办“临光宴”。他命宫人在殿前点起“白鹭转花”“黄龙吐水”“金凫银燕”“浮光洞”“攒星阁”等各式花灯，命宫廷乐队奏《月光曲》，同时撒下闽江红锦荔枝千万颗，令宫人争拾，拾得多者赏以红圈绿晕被。

这则资料所写的是我国早期的灯火宴会，反映出唐代宫廷宴饮的盛况。

宋皇寿筵（《东京梦华录》）

（1）每客各份：环饼、油饼、枣塔、果子。葱、韭、蒜、醋等味碟。鸡、羊、猪、兔、鹅等熟肉。

（2）第一杯酒：唱歌、奏乐、献舞、祝寿。

（3）第二杯酒：同上。

（4）第三杯酒：演杂技百戏。上菜：下酒肉、醎豉、爆肉、双下驼峰角子。

（5）第四杯酒：演杂剧。上菜：炙子骨头、索粉、白肉胡饼。

（6）第五杯酒：琵琶独奏、儿童舞、演杂剧。上菜：群仙炙、天花饼、太平饆饠干饭、缕肉羹、莲花肉饼。

（7）第六杯酒：蹴球表演。上菜：假鼋鱼、蜜浮酥捺花。

（8）第七杯酒：女童采莲舞、演杂剧。上菜：排炊羊胡饼、炙金肠。

（9）第八杯酒：群舞。上菜：假鲨鱼、独下馒头、肚羹。

（10）第九杯酒：摔跤表演。上菜：水饭、簇饤下饭。

这个寿筵以饮九杯寿酒为序，把菜肴饭点和各种宴乐有机地组织起来，场面热闹，气氛隆重。赴宴者在二百以上，演出的超过千人，厨师和服务人员数千。它是宋王室骄奢淫逸生活的写照。《水浒传》第八十二回描写的宋代封赏宴，是“道君皇帝”赏赐“梁山泊诸将”的一次盛宴。作者的描写虽然有所夸饰，但它与《东京梦华录》等宋代笔记的记述还是比较接近的。

宋代王侯宴（《水浒传》第一回）

香焚宝鼎，花插金瓶。仙音院竞奏新声，教坊司频逞妙艺。

水晶壶内，尽都是紫府琼浆；

琥珀杯中，满泛着瑶池玉液。

玳瑁盘堆仙桃异果，玻璃碗供熊掌驼蹄。鳞鳞脍切银丝，细细茶烹玉蕊。

红裙舞女，尽随着象板鸾箫；

翠袖歌姬，簇捧定龙笙凤管。

两行珠翠立阶前，一派笙歌临座上。

这里写的是神宗驸马“王都尉”款待小舅“端王”的家宴，其排场与御宴不相上下。作者描写这情节时，可能参阅过宋代史料，因此较为真实。

南宋接待金国使节的酒席（陆游《老学庵笔记》）

肉咸豉，爆肉双下角子，莲花肉炸油饼骨头，白肉胡饼，群仙炙太平饆饠，假圆鱼，柰花索粉，假鲨鱼，水饭咸豉旋，鲊，瓜，姜，枣锢子，髓饼，白胡饼，环饼。

元代官府筵席

（1）十六碟干果：榛子、松子、干葡萄、栗子、龙眼、核桃、荔枝等。

（2）十六碟鲜果：柑子、石榴、香水梨、樱桃、杏子等。

（3）象生缠糖或狮仙糖。

（4）第一轮菜：烧鹅、白煠鸡、川炒猪肉、鸽子蛋、熫烂膀蹄、蒸鲜鱼、燗牛肉、炮炒猪肚（上酒两巡）。

（5）第二轮菜：熝羊蒸卷、金银豆腐汤、鲜笋灯笼汤、三鲜汤、五软三下锅、鸡脆芙蓉汤、粉汤馒头（饮上马杯，散席）。

——据陈高华《朴通事》

这是蒙汉菜品组合的盛筵。

《饮膳正要》与元代宫廷御膳

《饮膳正要》为元代饮膳太医忽思慧所作。这是迄今所见记述元代宫廷御膳与民间食疗最为翔实的珍贵史料。其中卷一中的“聚珍异馔”，卷三中的食品原料、调味、菜品、饮料等，突出反映了元代宫廷饮膳特色和烹饪技艺。

“聚珍异馔”所列九十四方，除了鲤鱼汤、攒鸡、炒鹌鹑、盘兔、攒雁、猪头姜豉、攒牛蹄、马肚盘等二十几种以外，还有以羊肉或羊内脏制成的菜品共七十余种。所列用料，兽品以羊、牛居多，次及马、驼、鹿、猪、虎、豹、狐、狼等，其制作多以蒙古族烹法为之。

卷三中，食品原料二百余种，其中米谷类四十四种，包括用粮食制成的调味品，如曲、醋、酱、豉、酒等;兽品三十种；菜品四十六种，包括干鲜蔬菜，料物二十八种。此卷图文并茂，一目了然。

《饮膳正要》对人类的贡献不仅仅是它的食疗价值，它对今人了解元代宫廷的饮食状况，探讨古代筵席的变迁发展有着难得的参考价值。

明代宫廷御膳食单（明代黄一正《事物绀珠》）

国朝御米面品略。

国朝御汤略。

国朝御肉食：凤天鹅、凤鹅、凤鸭、凤鸡、凤鱼、棒子骨、烧天鹅、烧鹅、白炸鹅、锦缠鹅、清蒸鹅、暴腌鹅、锦缠鸡、清蒸鸡、暴腌鸡、川炒鸡、白炸鸡、烧肉、白煮肉、清蒸肉、猪屑骨、暴腌肉、荔枝猪肉、燥子肉、麦饼鲊、菱角鲊、煮鲜肫肝、五丝肚丝、蒸羊、火贵羊。

明代宫廷御膳风格南北相兼、蒙汉两宜，与明初定都南京、后迁都北京的历史相关。南宫御厨北上，朝廷南人增多，逐渐由汉食南味取代蒙食为主体的元代风味，此食单中的汉食南味非常明显，至今南京人仍保留此风此俗。

乾隆早膳食单（《清宫内务府档案》）

燕窝红白鸭子南鲜热锅一品，酒炖肉炖豆腐一品，清蒸鸭子烀猪肉鹿尾攒盘一品，竹节卷小馒首一品，舒妃、颖妃、愉妃、豫妃进菜四品，饽饽二品，珐琅葵花盒小菜一品，珐琅银碟小菜四品，随送面一品，老米水膳一品。

额食四桌：二号黄碗菜四品、羊肉丝一品、奶子八品，共十三品一桌；饽饽十五品一桌；盘肉八品一桌；羊肉二方一桌。

这是清朝皇帝的早餐，菜品共五十三种。

乾隆晚膳食单

燕窝鸭子热锅一品，油煸白菜一品，肥鸡豆腐片汤一品，奶酥油鸡鸭子一品，水晶丸子一品，攒丝烟猪肘子一品，火熏猪肚一品，小虾米油渣炒菠菜一品，蒸肥鸡烧狍肉鹿尾攒盘一品，猪肉馅侉包一品，象眼棋饼小馒首一品，烤祭神糕点一品，小菜一品，珐琅碟小菜四品，随送粳米膳一品。

额食七桌：奶子八品、饽饽三品、二号黄碗菜一品，共十二品一桌；奶子二品、饽饽十五品，共十七品一桌；内管领炉食十品一桌；盘肉二桌，每桌八品；羊肉二方二桌。

这是清朝皇帝的晚餐，菜品共七十五种。

清宫除夕宴乾隆早膳单

大金碗黄米饭一品，燕窝挂炉窝子挂炉肉野意热锅一品，燕窝芙蓉鸭子热锅一品，万年青酒炖鸭子热锅一品，八仙碗燕窝苹果脍肥鸡一品，青白玉碗托汤鸭子一品，青白玉碗额思克森鹿尾酱一品，金枪碗碎剁野鸡一品，金枪碗清蒸鸭子鹿尾攒盘一品，金盘羊乌叉一品，金盘烧鹿肉一品，金盘烧野猪肉一品，金盘鹿尾一品，金盘蒸肥鸭一品，珐琅盘竹节卷小馒首一品，珐琅盘番薯一品，珐琅盘年糕一品，珐琅葵花盒小菜一品等。

清宫除夕宴乾隆午膳单

（1）午正（中午十二时），宴桌摆台——

① 头路：松棚果罩四座，上安迎春象牙牌四个，两边茶瓶一对，中间用青白玉盘置点心五品。

② 二路：用青白玉碗摆一字高头点心九品。

③ 三路：用青白玉碗摆圆肩高头点心九品。

④ 四路：中有红色雕漆看果盒二副，两边用小青白玉碗摆

苏糕鲍螺四座。

⑤ 五路：用青白玉碗摆膳十品。

⑥ 六路：用青白玉碗摆膳十品。

⑦ 七路：用青白玉碗摆膳十品。

⑧ 八路：用青白玉碗摆膳十品。

此外，膳桌东边摆奶子一品、小点心一品和炉食一品；西边摆油糕一品、鸭子馅临清饺子一品和米面点心一品。都用五寸青白玉盘。两边还各摆南小菜、清酱和老腌菜等。御座近前，左摆金匙、叉子，右摆羹匙、筷子，正面摆放筷套、手布和纸花。

（2）未初二刻（下午一时半），传摆热宴——

① 在乐声中，敬送汤膳食一对：左盒内是红白鸭子大菜汤膳及粳米膳各一品，右盒内是燕窝捶鸡汤及豆腐汤各一品，用的都是雕漆飞龙宴盒。

② 先转汤膳碗，再转小菜、点心、群膳、捶手、果钟、苏糕、鲍螺、金羹匙、金匙、高头松棚果罩等，唯有茶瓶、筷子、叉子与果盒不转。

（3）接着，大摆酒宴——

用珐琅盘上皇帝酒膳一桌，分五路，每路八品，用五对飞龙宴盒呈进。

①头对盒：荤菜四品，果子四品。

②二对盒：荤菜八品。

③三对盒：荤菜八品。

④四对盒：荤菜八品。

⑤五对盒：果子八品。

皇室赏酒后，又上果茶，奏乐，离宴。

随即传旨，赏赐王公大臣，分享菜品。

这一食单是乾隆四十一年（1776年）清宫除夕宴所用。它的菜品超过一百二十件，家宴礼仪和配套餐具记载甚详，是研究清廷饮膳的珍贵史料。

慈禧太后的膳单

（1）火锅二品：八宝奶猪火锅、酱炖羊肉火锅。

（2）碗菜四品：燕窝万字金银鸭子、燕窝寿字五绺鸡丝、燕窝无字玉白鸭丝、燕窝疆字口蘑鸭汤。

（3）碟菜六品：燕窝炒炉鸡丝、蜜制酱肉、大炒肉焖玉兰片、肉丝炒鸡蛋、熘鸡蛋、口蘑炒鸡片。

（4）片菜二品：挂炉鸭、挂炒鸭。

（5）饽饽四品：白糖油糕寿意、立桃寿意、苜蓿糕寿意、百寿糕。

（6）小吃一桌：猪肉、羊肉各四盘；蒸食、炉食各四盘。

皇族、后妃敬献的食品一组。

宣统食单（溥仪《我的前半生》）

口蘑肥鸡、三鲜鸭子、五绺鸡丝、炖肉、炖肚肺、肉片炖白菜、黄焖羊肉、羊肉炖菠菜豆腐、樱桃肉、山药炉肉炖白菜、羊肉片川小萝卜、鸭条熘海参、鸭丁熘葛仙米、烧慈菇、肉片焖玉兰片、羊肉丝焖跑跶丝、炸春卷、黄韭菜炒肉、熏肘花小肚、卤煮豆腐、熏干丝、烹掐菜、花椒油炒白菜丝、五香干、祭神肉片汤、白煮塞勒、烹白肉。

这是民国元年三月的一份早膳食单，当时宣统虽已退位，仍保留着宫廷饮膳的待遇。

2.臣僚接驾筵

封建皇帝偶有出宫离京巡视各地之举，一方面体察民情、政情、军情，另一方面也可寻幽访古，游山玩水。对于皇帝的驾临，各地臣僚无不视为千载难逢的良机，竭尽逢迎之能事。尤其是为皇帝接风洗尘的接驾宴，更是讲排场、求新奇，千方百计博取皇帝的欢心。这类接驾筵，其选料之考究、技艺之精湛、奢侈之程度往往超过宫廷盛宴，也将烹饪技艺、筵席档次推向一个新的高峰，成为中国饮食史上的传世名筵。如，唐代韦巨源迁升中书省，设“烧尾筵”款待唐中宗。南宋清河郡王张俊向宋高宗进献御筵菜点达二百五十多道。清代乾隆皇帝下江南时，各地接驾筵更是达到登峰造极的境地。

乾隆巡幸扬州时的地方官接驾筵

上买卖街前后寺观，皆为大厨房，以备六司百官食次：

第一份，头号五簋碗十件——燕窝鸡丝汤、海参烩猪筋、鲜蛏萝卜丝羹、海带猪肚丝羹、鲍鱼烩珍珠菜、淡菜虾子汤、鱼翅螃蟹羹、蘑菇煨鸡、辘轳锤、鱼肚煨火腿、鲨鱼皮鸡汁羹、血粉汤、一品级汤饭碗。

第二份，二号五簋碗十件——鲫鱼舌烩熊掌、米糟猩唇猪脑、假豹胎、蒸驼峰、梨片伴蒸果子狸、蒸鹿尾、野鸡片汤、风猪片子、风羊片子、兔脯、奶房签、一品级汤饭碗。

第三份，细白羹碗十件——猪肚、假江瑶、鸭舌羹、鸡笋粥、猪脑羹、芙蓉蛋、鹅肫掌羹、糟蒸鲥鱼、假斑鱼肝、西施乳、文思豆腐羹、甲鱼肉片子汤、茧儿羹、一品级汤饭碗。

第四份，毛血盘二十件——臛炙哈尔巴小猪子、油炸猪羊肉、挂炉走油鸡鹅鸭、鸽臛、猪杂什、羊杂什、燎毛猪羊肉、白煮猪羊肉、白蒸小猪子小羊仔鸡鸭鹅、白面饽饽卷子、什锦火烧、梅花包子。

第五份，洋碟二十件，热吃劝酒二十味，小菜碟二十件，枯果十彻桌，鲜果十彻桌。

——清·李斗《扬州画舫录》

张俊供奉宋高宗的御宴

（1）绣花高饤一行八果垒：香圆、真柑、石榴、橙子、鹅梨、乳梨、榠楂、花木瓜。

（2）乐仙干果子叉袋儿一行：荔枝、龙眼、香莲、榧子、榛子、松子、银杏、梨肉、枣圈、莲子肉、林檎旋、大蒸枣。

（3）缕金香药一行：脑子花儿、甘草花儿、朱砂圆子、木香丁香、水龙脑、使君子、缩砂花儿、官桂花儿、白术人参、橄榄花儿。

（4）雕花蜜煎一行：雕花梅球儿、红消儿、雕花笋、蜜冬瓜鱼儿、雕花红团花、木瓜大段儿、雕花金橘、青梅荷叶儿、雕花姜、蜜笋花儿、雕花橙子、木瓜方花儿。

（5）砌香咸酸一行：香药木瓜、椒梅、香药藤花、砌香樱桃、紫苏柰香、砌香萱花拂儿、砌香葡萄、甘草花儿、姜丝梅、梅肉饼儿、水红姜、杂丝梅饼儿。

（6）脯腊一行：线肉条子、皂角铤子、云梦豝儿、虾腊、肉腊、奶房、旋鲊、金山咸豉、酒醋肉、肉瓜齑。

（7）垂手八盘子：拣蜂儿、番葡萄、香莲事件念珠、巴榄子、大金橘、新椰子象牙板、小橄榄、榆柑子。

再坐——

（1）切时果一行：春藕、鹅梨饼子、甘蔗、乳梨月儿、红柿子、橙子、绿橘、生藕铤子。

（2）时新果子一行：金橘、咸杨梅、新罗葛、切蜜蕈、切脆橙、榆柑子、新椰子、切宜母子、藕铤儿、甘蔗柰香、新柑子、梨五花子。

（3）雕花蜜煎一行：同前。

（4）砌香咸酸一行：同前。

（5）珑缠果子一行：荔枝甘露饼、荔枝蓼花、荔枝好郎君、珑缠桃条、酥胡桃、缠枣圈、缠梨肉、香莲事件、香药葡萄、缠松子、糖霜玉蜂儿、白缠桃条。

（6）脯腊一行：同前。

（7）下酒十五盏：

第一盏：花炊鹌子、荔枝白腰子。

第二盏：奶房签、三脆羹。

第三盏：羊舌签、萌芽肚胘。

第四盏：肫掌签、鹌子羹。

第五盏：肚胘脍、鸳鸯炸肚。

第六盏：鲨鱼脍、炒鲨鱼衬汤。

第七盏：鳝鱼炒鲎、鹅肫掌汤齑。

第八盏：螃蟹酿橙、奶房玉蕊羹。

第九盏：鲜虾蹄子脍、南炒鳝。

第十盏：洗手蟹、鳜鱼假蛤蜊。

第十一盏：五珍脍、螃蟹清羹。

第十二盏：鹌子水晶脍、猪肚假江鳐。

第十三盏：虾橙脍、虾鱼汤齑。

第十四盏：水母脍、二色茧儿羹。

第十五盏：蛤蜊生、血粉羹。

（8）插食：炒白腰子、炙肚胘、炙鹌子脯、润鸡、润兔、炙炊饼、炙炊饼脔骨。

（9）劝酒果子十番：砌香果子、雕花蜜煎、时新果子、独装巴榄子、咸酸蜜煎、装大金橘小橄榄、独装新椰子、四时果四色、对装拣松番葡萄、对装春藕陈公梨。

（10）厨劝酒十味：江鳐炸肚、江鳐生、蝤蛑签、姜醋生螺、香螺炸肚、姜醋假公权、煨牡蛎、牡蛎炸肚、假公权炸肚、蟑蚷炸肚。

（11）准备上细垒四桌。

（12）又次细垒二桌：内有蜜煎咸酸时新脯腊等件。

（13）对食十盏二十分：莲花鸭签、茧儿羹、三珍脍、南炒鳝、水母脍、鹌子羹、鳜鱼脍、三脆羹、洗手蟹、炸肚胘。

——《武林旧事·高宗幸张府节次略》

绍兴二十一年（1151）十月，清河郡王张俊宴请宋高宗赵构，摆下这二百五十道菜点的超级大筵。宴会从早到晚，分成四个回合进行，中间穿插小菜、点心、水果和咸酸等。

张俊宴请秦桧的菜单

烧羊一口，滴粥，烧饼，食十味，大碗百味羹，糕儿盘劝，簇五十馒头（血羹），烧羊头（双下），杂簇从食五十事，肚羹，羊舌托胎羹，双下大膀子，三脆羹，铺羊粉饭，大族饤，鲊糕鹌子，蜜煎三十碟，时果一合（切榨十碟），酒三十瓶。

秦桧随同宋高宗去张府时，张俊另设此宴专门接待。

孔府向慈禧拜寿的贡席（据《孔府档案》）

（1）海碗菜二品：八仙鸭子，锅烧鲤鱼。

（2）中碗菜四品：清蒸白木耳，葫芦大吉翅子，寿字鸭羹，黄焖鱼骨。

（3）大碗菜四品：燕窝万字金银鸭块，燕窝寿字红白鸭丝，燕窝无字三鲜鸭丝，燕窝疆字口蘑肥鸭。

（4）杯碗菜四品：熘鱼片，烩鸭腰，烩虾仁，鸡丝翅子。

（5）碟菜六品：桂花翅子，炒茭白，芽韭炒肉，烹鲜虾，蜜制金腿，炒黄瓜酱。

（6）片盘二品：挂炉猪，挂炉鸭。

（7）克食二桌：蒸食四盘，炉食四盘，猪肉四盘，羊肉四盘。

（8）饽饽四品：寿字油糕，寿字木樨糕，百寿桃，如意卷。

（9）汤碗菜一品：燕窝八仙汤。

（10）寿面一品：鸡丝卤面。

光绪二十年（1894年），慈禧六十大寿，衍圣公孔令贻携妻随母进京拜寿，其母彭氏和妻陶氏各向慈禧进贡了此桌寿席，价值二百四十两白银。

3.地方官府公筵

封建时代，各级地方政府的官员都要遵守朝廷旨意，按照礼仪法则在所管辖的省府州县举办各种名目的公筵。这类公筵由地方官员主持，邀请本地德高望重者陪饮，并依宴享主题，分别决定宴享对象。这类公筵，主题突出，或尊老敬老，或荐贤举能，或宣传礼教，或笼络民心。如西周时期的“乡饮酒礼”和封建社会后期乡试后各地为新中举人举办的“鹿鸣筵”等，都是地方政府公筵。这类筵席，不仅流行范围广，而且持续时间长。为新举人举办的鹿鸣筵，一直延续至清末最后一次乡试，有些地方仍例行不辍。明代万历年间，北方乡试上下马二宴，每宴上马席八席、下马筵加一席共十七席；中席十九席、下马筵加五席共四十三席；下席十二席、下马筵同共二十四席。总共费银二百三十三两。同宫廷筵席相比，当然标准不高，所费不多，但对平民百姓而言，“一碟一头牛，一席一座楼”，触目惊心！

元代的《大茶饭仪》介绍了这类公筵的席面安排和敬酒、分菜规矩：

凡大筵席茶饭，则用出桌，每桌上以小果盒列果子数搬于前，列菜碟数品于后，长筋一双。厅前用大香炉、花瓶居于中央。祇应乐人分列左右。若众官毕集，主人则进前把盏。客有居小者，亦随意出席把盏。凡数十回方可献食。初巡，则用粉羹，各位一大满碗，主人以两手高捧至面前，安在桌上，再又把盏。次巡，或鱼羹，或鸡鹅羊等羹，随主人意，复如前仪。三巡或灌浆馒头，或稍卖，用酸羹，或群仙炙，同上。末巡，大茶饭用牛马，常茶饭用羊猪鸡鹅等，并完煮熟，以大桌盛之，两人抬于厅中，有梯，巳人则出剜肉。凡头牲各分面前，头尾、膂肤献于长者，腿翼净肉献于中者，以剩者并散于祇应等人。厅上再行劝酒，令熟醉结席，且用解粥讫，客辞退，主人送出门外。

其间，用香炉、花瓶点缀席面的做法甚为可取，多为后世的筵席所采用。筵席场面氛围的营造，食物品种数量的增多，突出封建社会地方官府对公务筵席的重视程度。

马王堆汉墓出土的食谱

（1）粮食：稻、籼、米、麦、粢、豆、葵、麻以及各种豆类制品。

（2）瓜菜：瓜、笋、藕、芋、荷、芥、冬葵、苋菜等。

（3）肉食：牛、马、羊、狗、豕、鹿、兔、鸡、雉、雁、凫、鹤、斑鸠、喜鹊、鹌鹑、雀、蛋、鲫、鲂、鲤等。

（4）酒类：白酒、米酒、温酒、肋酒。

（5）果品：枣、梨、梅、杨梅。

（6）糖果糕饵：稻食、麦食、黄粢食、白粢食、粔籹、稻蜜等。

（7）羹汤：酐羹（羊酐羹、豕酐羹、狗酐羹、凫酐羹、鸡酐羹）；白羹（牛白羹、鹿肉鲍鱼笋白羹、鹿肉芋白羹、鸡白羹、鲫白羹、鲜藕白羹）；芹羹（狗芹羹）；葑羹（牛葑羹）；苦羹。

（8）菜品：炙类（爆牛肉、爆鹿肉、爆猪肉、爆鸡肉、爆狗肝、爆牛脊）；脍类（细切羊肉丝、细切鹿肉丝）；煠类（油炸鸡）；菹类（酢菜），以及腊菜、煎菜、熬菜、蒸菜、烩菜、脯菜。

（9）佐料：糖、蜜、酱、盐、豉、曲、齑、豆豉姜、苦茶、花椒、雀酱、肉、马酱、酱、豆豉酱等。

——周世荣《从马王堆出土的文物看西汉的烹饪》

马王堆汉墓是西汉长沙丞相轪侯利仓及其妻、子的墓。墓中出土了大量的饮馔文物和竹简文字，保存了西汉部分饮食实物。从这些实物可以看出当时筵宴的主要材料。

梁朝的珍馔（何逊《七召》）

铜瓶玉井，金釜桂薪。六彝九鼎，百果千珍。熊蹯虎掌，鸡跖猩唇。潜鱼两味，玄犀五肉。拾卵凤窠，剖胎豹腹。三脔甘口，七菹惬目；蒸饼十字，汤官五熟。海椒鲁豉，河盐蜀姜。剂水火而调和，糅苏蔱以芬芳；脯追复而不尽，犊稍割而无伤。鼋羹流龋，蜒酱先尝。鲙温湖之美鲋，切丙穴之嘉鲂。落俎霞散，逐刃飞扬，轻同曳茧，白似飞霜。蔗有盈丈之名，桃表兼斤之实，杏积魏国之贡，菱为巨野所出。衡曲黄梨，汶垂苍栗，陇西白柰，湘南朱橘。荔枝沙棠，葡萄石蜜。瓜称素腕之美，枣有细腰之质。

何逊在中国古代历史上虽然称不上文学大家，在梁朝也算不上辞赋一流，但他的《七召》筵席珍馔的“百果千珍”可与楚国《楚辞·招魂》、西汉《七发》的“天下之至美”争奇斗艳！《七召》难能可贵的是不仅介绍了1400多年前的宫廷筵席景象和众多的筵席珍馔，还较详细地写到珍馔的烹调方法及其他地方名特优产品。可谓千珍强八珍，百果胜仙果。

元代的筵席茶饭（据《大茶饭仪》整理）

（1）台面饰物：小果盆、大香炉、花瓶等。

（2）祇应乐人分列左右。

（3）众官毕集、入座。

（4）主人把盏数十回后，献食。

①初巡：粉羹各份，把盏。

②次巡：鱼羹或鸡、鹅、羊羹，把盏。

③三巡：灌浆馒头，或烧卖；上酸羹，或群仙炙；把盏。

④末巡：上牛马或羊、猪、鸡、鹅，把盏。

⑤粥品。

从这桌筵席的台面装饰布置，可以看出饮宴摆台及上菜顺序的历史渊源。

明代乡试典礼大看席

饼锭八个，斗糖八个，糖果山五座，糖五老五座，糖侪饼五盘，荔枝一盘，圆眼一盘，胶枣一盘，核桃一盘，栗子一盘，猪肉一肘，羊肉一肘，牛肉一方，汤鹅一只，白鲞二尾，大馒头四个，活羊一只，高顶花一座，大双插花二枝，肘件花十枝，果罩花二十枝，定胜插花十枝，绒戴花二枝，豆酒一尊。

——转引自《中国烹饪史略》

看席，顾名思义，只供观赏，只可目食。大饱眼福之后，食欲大增，另设华筵佳肴再饱口福。《金瓶梅词话》中常常言及的“吃看大桌面”“小插桌”“靠山桌面”“平头桌面”等，就是明代盛行的这种“看席”。而其中的“吃看大桌面”却是在“看席”基础上的一大进步，“吃”“看”并举，可观赏亦可食用。如“看席”上的“高顶方糖”“响糖”“狮仙五老定胜”，或做成鸟兽、人物形状的糖制品，或年糕上插上面塑、彩绢、染色花草鱼虫，花枝招展，热闹非凡。现代大型宴会尤其是大型自助餐多设观赏花台，源自古代大看席。

4.社交筵席

社交筵席是中国古代筵席的重要组成部分。这种筵席适用范围十分广泛，因时、因地、因物、因事皆可举办，形式多种多样，规模可大可小，等级可高可低，受礼仪的限制较少。这类筵席在古代筵席中占的比重较大，发展也较快。

因时而举办的社交筵席甚多。我国在春秋时期已有“四时八节”之说。四时，春夏秋冬；依四时八节变换，择当令菜肴而设时令筵席。或抓住时令景物的特点，设筵赏景。唐代冯贽《云仙杂记》载，扬州太守园中有杏花数十畦，每年春时花开灿烂，太守因于花时在杏花前设筵，每株杏花前倚立一名官妓，美其名曰“争春筵”。又据《开元遗事》载，唐代长安每至三伏盛暑，富贵人家多在林内搭凉棚，设坐具，召名姝，邀朋聚友，开怀畅饮，名曰“避暑筵”。《旧唐书·白居易传》载，每至月白风清之夜，白居易常在园中陈酒抚琴，招友品酌，这又是“赏秋筵”了。

因地而举行的社交筵席，有一些蜚声古今。如晋代石崇于金谷园宴请宾朋，为有名的“金谷筵”。据石崇《金谷诗序》载，石崇有别业在河南金谷涧中，景色宜人，供应充足。元康六年（296年）征西大将军祭酒王诩还长安，石崇邀集同僚好友在金谷涧中为其送行，“昼夜游宴，屡迁其坐，或登高临下，或列坐水滨。时琴瑟笙筑，合载车中”，欢饮达旦，各人赋诗抒怀，“或不能者，罚酒三斗”。“金谷筵”历来为文人雅士啧啧称羡。

因物而名的筵席在古代筵席中也是屡见不鲜的。齐文帝设香菌于席供品味，名为“凌虚筵”。五代时刘鋹在席上备红熟荔枝，名为“红云筵”。南宋范成大居许下，于长啸堂前作荼蘼架，春日花时，招友设筵其下，花落谁杯中，谁饮酒一杯。微风轻扬，落英满座，称为“飞英会”。《云仙杂记》载，洛阳富贵人家有歌妓，于三月三日结钱为龙，将钱龙一条条挂起为帘子，在帘内设筵，称“钱龙筵”。因物而名，因花成宴，元陶宗仪《元氏掖庭记》对元代宫廷以花喻筵的赏花筵也有记载：

宫中饮宴不常，名色亦异。碧桃盛开，举杯相赏，名曰“爱娇之宴”。红梅初发，携尊对酌，名曰“浇红之宴”。海棠谓之“暖妆”，瑞香谓之“拨寒”，牡丹谓之“惜香”。至于落花之饮，名为“恋春”；催花之设，名为“夺秀”。其或缯楼幔阁，清暑回阳，佩兰采莲，则随其所事而名之也。

因物而名，因花成宴，可谓酒不醉人花醉人，“寻常不醉此时醉”。古往今来，因事而成的社交筵席种类最多。诸如满月筵、周岁筵、十岁筵、庆寿筵、花筵、婚嫁筵、新屋落成筵、乔迁筵、开业筵、接风洗尘筵、中榜荣升筵等等，举不胜举。总之，凡事皆有起因，事事均可成筵。

在中国传统文化环境中，婚嫁喜宴历来受到人们的重视。《周易·归妹卦》：“上六，女承筐，无实；士刲羊，无血。无攸利。象曰：上六无实承虚筐也。”孔颖达疏曰：“女欲承筐装资用之物，乃虚而无实，未成嫁也。士欲刲羊以宴新婚，乃干而无血，未成娶也。是皆落空，故云‘无利’，无所得也。”因此可知，早在商周时期，男婚女嫁时便有“刲羊宴饮”的习俗。历史上民间的婚嫁喜宴各地有不同的仪式，这与各地的风俗习惯有关。

据史籍记载，庆贺生辰的寿筵始于齐梁，盛于隋唐，以后历代不衰。寿筵除备酒食外，还须备面条，曰“长寿面”。宋朱翌《猗觉寮杂记》云：“唐人生日多具汤饼，亦所谓长命面者也。”以面条喻寿命，寄寓人们对长寿的期盼，相沿成习，至今不易。

古人云：“洞房花烛夜，金榜题名时。”科举及第与婚姻嫁娶同样为古人所看重。为科举及第而设的筵席种类甚多。据《绀珠集》载，"燕名"有"一日大相识，主司有具庆者；二日次相识，主司有偏侍者；三日小相识，主司有兄弟者；四日闻喜敕下宴也；五日樱桃；六日月灯；七日牡丹；八日看佛牙；九日关宴，最大，亦离筵也。"

社交筵席中以诗朋文友的雅集最为洒脱。这类雅集，不拘形式，不论场合，不受人数多少限制，不受季节变化约束，不计菜肴美恶，酒却是至关重要之物。白居易于会昌五年（845年）二月二十一日在洛阳与前怀州司马胡果等六位老年文友雅集，成七言六韵以纪其事，"七人五百七十岁，拖紫纡朱垂白须"，人称"七老会"，传为千古美谈。而他在《宴洛滨》诗序中记述的却是更为别致的船筵：

开成二年三月三日，河南尹李待价以人和岁稔，将禊于洛滨。前一日，启留守裴令公。公明日召白居易、萧籍、李仍叔、刘禹锡、郑居中、李恽、李道枢、崔晋、张可续、卢言、苗愔、裴俦、裴洽、杨鲁士、谈弘謩（身份均省略）一十五人合宴于舟中，由斗亭历魏堤抵津桥，登临溯沿，自晨及暮……赏心乐事，尽得于今日矣。若不记录，谓洛无人。晋公首赋一章，铿然玉振，顾谓四座继而和之，居易举酒挥毫，奉十二韵诗以献。

显然，文人雅集的一大成果是诗词作品的丰收。历来许多脍炙人口的名篇佳作是文人雅集时诗人酒兴大发之际的即兴之作。不少文人雅士因把这类社交筵席作为诗文活动的一种组织形式。如《扬州画舫录》载：

扬州诗文之会，以马氏小玲珑山馆、程氏筱园及郑氏休园为最盛。至会期，于园中各设一案，上置笔二、墨一、端研一、水注一、笺纸四、诗韵一、茶壶一、碗一、果盒茶食盒各一。诗成即发刻，三日内尚可改易重刻，出日遍送城中矣。每会酒肴俱极珍美。

古代民间筵席发展较快的根本原因是不受清规戒律的约束，不被客观环境所限制，因人、因事、因时、因地均能达到酒食合欢的目的。大众化、适用性，促使民间筵席范围的扩大，更利于筵席形式的推陈出新。秦汉后，民间筵席由繁至简、简便实用尤为突出。

春秋时期的民间筵席

（1）杀时犉牡（《诗经·周颂·良耜》）：

杀时犉牡　　宰肥牛献到祭坛，
有捄其角　　长角儿向上弯弯。
以似以续　　这祭席啊，延续久远，
续古之人　　自古以来，代代相传。

（2）为酒为醴（《诗经·周颂·载芟》）：

为酒为醴　　酿好香美的甜酒，
烝畀祖妣　　敬给我们的先祖。
以洽百礼　　还要献上各种熟肉，

有飶其香　　祭筵上酒气芬芳。
邦家之光　　盼望国家发达兴旺，
有椒其馨　　花椒粉使菜添香，
胡考之宁　　祝愿老人长寿安康。

（3）俾筵俾几（《诗经·大雅·公刘》）：

俾筵俾几　　坐着草席，扶着矮几，
既登乃依　　有的坐着，有的靠起，
乃造其曹　　次序分明啊，排列整齐。
执豕于牢　　大肥猪赶出圈门口，
酌之用匏　　葫芦瓢舀来甜米酒；
食之饮之　　大伙儿痛快地吃喝，
君之宗之　　选举你当个好头头。

（4）宾之初筵（《诗经·小雅·宾之初筵》）：

宾之初筵　　宾客们刚上筵席，
左右秩秩　　相互问候，彬彬有礼。
笾豆有楚　　餐具摆设得这样好看，
肴核维旅　　菜肴陈列得这样整齐。
酒既和旨　　酒味真是醇和甜美，
饮酒孔偕　　赴宴的人无不欢喜。
钟鼓既设　　钟鼓奏乐，响彻厅堂，
举酬逸逸　　举杯祝酒，川流不息。

以上四节诗歌分别从祭筵历史、祭筵祝愿、聚宴目的和聚宴场景方面，具体描述了春秋时期民间筵宴的概况。通过它们，可以了解我国的早期民间筵席的格局。

汉代民间欢宴（《盐铁论·散不足》）

今民间酒食，殽旅重叠（菜肴重重叠叠地摆放），燔炙满案（烤肉放满案）。臑鳖、脍鲤（煮烂的甲鱼和切细的鲤鱼）、麑（鹿肉）、卵（鸡蛋）、鹑鷃（鹌鹑）、橙枸、鲐鳢（河豚乌鱼）、醢醯（肉酱和醋），众物杂味。

这是汉代民间乡宴和婚席的菜点编排明细。汉代是我国第一个长期稳定发展的时期。饮食章法习俗在继承传统的同时，大胆开拓。时人用食无范围之限，雅俗共享。

曹植诗中的平乐宴（《名都篇》）

归来宴平乐，美酒斗十千。
脍鲤臇胎虾，炮鳖炙熊蹯。
鸣俦啸匹侣，列坐竟长筵。

平乐指平乐观，在洛阳西门外。这里写的是魏国贵族子弟的饮宴生活。酒是美酒，菜有脍鲤、肉羹、鲐鱼、烧甲鱼和烤熊掌。参加者都是豪门少年。

欧阳修的醉翁亭宴（《醉翁亭记》）

临溪而渔，溪深而鱼肥；酿泉为酒，泉香而酒洌；山肴野蔌，杂然而前陈者，太守宴也。

这是北宋文学家欧阳修任滁州（今安徽滁州市）太守时举办的郊游宴。

北宋南味海珍佳肴

累累盘中蛤，来自海之涯。坐客初未识，食之先叹嗟……自从圣人出，天下为一家。南产错交广，西珍富邛巴……岂惟贵公侯，闾巷饱鱼虾。此蛤今始至，其来何晚邪。螯蛾闻二名，久见南人夸。璀璨壳如玉，斑斓点生花。含浆不肯吐，得火遽已呀。共食惟恐后，争先屡成哗。但喜美无厌，岂思来甚遐。多惭海上翁，辛苦斫泥沙。

这是欧阳修的《初食车螯》诗，形象地描写北宋时南方海珍大举进入京城的盛况。宋代经济繁荣，交通便利，南方的海珍品，大批运到京城，进入宫廷盛宴，不仅成为“贵公侯”的稀世珍味，海鲜佳肴，同时也进入“闾巷”百姓家。

明代文士蟹会（张岱《陶庵梦忆·蟹会》）

（1）主菜：清蒸河蟹。

（2）佐餐：肥腊鸭、牛奶酪、醉蚶、鸭汁煮白菜、兵坑笋。

（3）酒品：玉壶冰。

（4）米饭：新余杭白。

（5）果品：谢橘、风栗、风菱。

（6）茶品：兰雪茶。

这是明代文学家张岱记述他与友人、兄弟在十月吃河蟹席的一则资料。

明代商贾家的午宴（《金瓶梅》）

（1）四碟菜果：上荷花酒。

（2）四碟案鲜：泰州咸鸭蛋，王瓜拌金虾，油炸香烧骨，干蒸劈晒鸡。

（3）四碗嗄饭：滤蒸烧鸭，水晶膀蹄，白炸猪肉，炮炒腰子。

（4）压席大菜：柳蒸糟鲥鱼。

西门庆一家名目繁多的大宴小席，举不胜举，如寿酒、接风酒、会亲酒、庆官酒、公宴酒、看灯酒……其实都是明代社交宴、喜庆宴的不同称谓。但其中提到一种“头脑酒”，则鲜为人知。据《涌幢小品》记载，“凡冬月客到”，以肉及杂味置大碗中，注热酒递客，名曰“头脑酒”，“盖以避风寒也”。这种“头脑酒”实际上就是历史上所说的温酒，值得提倡。

晚清的改良宴会（《清稗类钞》）

（1）酒：绍兴酒（每客一壶）。

（2）菜：芹菜拌豆腐干丝、牛肉丝炒洋葱头丝、白斩鸡、火腿（以上为四深碟）。鸡片冬笋片、蘑菇片炖蛋、冬笋片炒青鱼片、海参香菌扁豆尖白炖猪蹄、冬笋片炒菠菜、鸡丝火腿丝、冬笋丝鸡汤火腿汤炒面、冬笋片炖鱼圆、栗子葡萄小炒肉、汤团、莲子羹、豆衣包黄雀（肉藏猪肉油煎金针木耳）、青菜、江瑶柱炒蛋、鸡汤（以上为十大菜一汤二点）。白腐乳、腌菜心（两饭菜）。福橘或蜜橘（一果）。

（3）餐桌覆盖白布，餐具整齐雅洁。

（4）每位客人面前，有一个酒杯，两双筷子，三个食碟，三把汤匙，一块餐巾。这些用具在进餐中要更换四次。席后，敬烟献茶。

此席的设计者是无锡人朱胡彬和夏女士。他们从卫生、实用出发，创造了这种“视便餐为丰而较之普通筵会则俭”的新席。现代的筵席格局基本上是以它为基础而加以变化的。

清代便宴菜单（《儒林外史》）

青菜花炒肉、煎鲫鱼、片粉拌鸡、摊蛋、葱炒虾、瓜子、人参果、石榴米、豆腐干、封缸酒。

清代社会餐馆供应的便席经济实惠。

5.家庭筵席

古代家庭筵席，除因礼仪交往而成的礼筵和因事而成的事筵外，很大的部分是年节筵席。中国古时从年头到岁尾，几乎每个月都有一个或几个节日。中国传统年节都与人类原始信仰和众多的传统习俗相关。当人们对自然界的莫测变幻认识不清之时，便将许多自然现象视为神力所致，于是在不同的时节祭祀有关神灵以求福、避灾，因而产生众多与年节祈福避灾、与祭祀时使用的祭品相关的年节和年节食俗。年节筵席就是在年节食俗的基础上，随着人们物质资料的不断丰富逐步发展而成的。同年节食俗一样，年节筵席也具有传统性、传说性、全民性、节令性、多样性等特点，所以，它是中国筵席众多种类中适用范围最广、持续时间最长的一种大众化筵席形式。其中，尤以除夕筵席（俗称年夜饭）与新春筵席流传最广和最为人们所重视。

清代潘荣陛《帝京岁时纪胜》介绍了北京家庭新春家庭筵的热闹场面：

士民之家，新衣冠，肃佩带，祀神祀祖；焚楮帛毕，昧爽阖家团拜，献椒盘，斟柏酒，饫蒸糕，呷粉羹。出门迎喜，参药庙，谒影堂，具柬贺节。路遇亲友，则降舆长揖，而祝之曰新禧纳福。至于酬酢之具，则镂花绘果为茶，什锦火锅供馔。汤点则鹅油方补，猪肉馒首，江米糕，黄黍饦；酒肴则腌鸡腊肉，糟鹜风鱼，野鸡爪，鹿兔脯；果品则松榛莲庆，桃杏瓜仁，栗枣枝圆，楂糕耿饼，青枝葡萄，白子岗榴，秋波梨，苹婆果，狮柑凤桔，橙片杨梅。杂以海错山珍，家肴市点。纵非亲厚，亦必奉节酒三杯。若至戚忘情，何妨烂醉。俗说谓新正拜节，走千家不如坐一家。而车马喧阗，追欢竟日，可谓极一时之胜也矣。

家宴是以家庭成员为主客体（老少尊卑）的聚餐形式。家庭背景不同，家宴规格档次亦千差万别。荣华富贵，锦衣玉食，孕育了古代官府菜；平民百姓，粗茶淡饭，照样烹制出独具一格的风味美食。

周代家宴

从《诗经·小雅·伐木》一诗中可以看出周代家宴的一

些特点：事前要打扫房屋，“于粲洒扫”，请的客人是“诸舅”和“兄弟”。菜肴有“牡”（小羊）制的八大件“陈馈八簋”，还准备了新酿的美酒（“酾酒有萸”“酾酒有衍”“饮此湑矣”）。餐具是作礼器用的“笾豆”，安排在农事间隙（“迨我暇矣”）进行。宾主一边饮宴，一边打鼓跳舞（“坎坎鼓我”“蹲蹲舞我”），目的是联络感情，搞好关系（“微我弗顾”“兄弟无远”）。

周代家宴充溢着浓郁的乡土气息，场面热闹，情绪愉悦。

唐代小说中描写的妓家饮宴（唐人小说《游仙窟》）

（1）果品：葡萄、甘蔗、软枣、石榴、丹橘、甜李、西瓜、脆梨、蟠桃、鸡枣、酸柰、桂芯。

（2）菜肴：龙肝、凤髓、麟脯、豹胎、熊掌、蟹酱、鹿尾、猩唇、鸡汤、鹑羹、鲜鲤、肥鹅、大雁、野兔、江螺、海蚌、甲鱼、野鸭、锦鸡、蘑菇、鳝条、凤脯、鹿舌、熏鱼、烤鱼、豺唇、肥猪、鸭蛋、鸡蛋、鹅蛋。

（3）饭点：雀躁之禾，蝉鸣之稻。

（4）饮料：玉醴琼浆。

这张菜单虽有文学夸张色彩，但肯定有一定现实生活作依据。

孔府家宴

孔府在山东省曲阜，是孔子后裔居住和生活的地方。由于历代王朝崇儒尊孔，这个家族世代荣华富贵，锦衣玉食，形成我国官府菜的重要流派。它的筵席造诣精深，对后世影响较大。

张廉明《孔府名馔》和《孔府档案》记载的孔府筵：

孔府燕菜席：

（1）四干果：荔枝、桂圆、葡萄干、榛子。

（2）四鲜果：南荠、香蕉、金枣、石榴。

（3）四占果：芙蓉占、核桃占、长生占、莲子占。

（4）四蜜果：菠萝蜜、枇杷、杏脯、红果。

（5）四糖果：炆切、酥糖、青梅、鸡骨糖。

（6）四饯果：门冬、瓜饯、饯藕片、品果脯。

（7）每份手碟：盐霜松子仁、大扁。

（8）四大拼盘：鸡松和西瓜糕、枇杷虾和三湖茭白；蟹松和油焖笋尖、冬菇鸡和松花；炝猴头和龙须菜、板鸭和鲍鱼；松子鱼糕和海蜇、金华火腿和核桃仁。协手万字形式。拼在四个大冰盘内。

（9）四大件：燕菜一品锅、八宝鸭子、花篮鳜鱼、干蒸莲子。

（10）八行件：烩银耳、南烧干贝、烧安南子、鸡鸭腰、芙蓉虾仁、炸牡丹鳜鱼、紫菜、姜爆雏鸭、饯百合。

（11）点心：咸——萝卜丝饼；甜——荔枝糕、杏仁酪。

（12）烧烤：烤鸭子、烤猪排子。

（13）四博古压桌：蝴蝶海参、白松鸡、绣球鱼肚、什锦洋粉。

（14）饭后四炒菜：青果鸡、炒素蛾、炒丁香、海米芹菜。

（15）四小菜：酱核桃仁、酱蘑菇、什锦菜、酱包瓜（济宁玉堂小菜）。

（16）四面食：咸——鸡丝卷、蝴蝶卷；甜——银丝卷、开花馍。

（17）曲阜香稻干稀饭。

孔府翅子四大件席：

（1）每份手碟（内两种）：瓜子仁、葡萄干。

（2）四整鲜：福橘、莱阳梨、葡萄、香蕉。

（3）四蜜碗：龙眼、凤梨、肥桃、樱桃。

（4）八冷荤：金华火腿、炝虾环、炝熏鸡丝、鱼松、琉璃核桃、炝香菇、青龙卧雪、金钱莴苣。

（5）四大件：扒白玉脊翅（大冰盘）、神仙鸭子（大鸭池）、红烧鳜鱼（大鱼池）、干蒸莲子（大冰盘）。

（6）八行件：鸡汁葛仙米、烧干贝、蛤士蟆、干捞虾仁、凤凰鸡、纸包鸡、锅塔腰子、蜜汁银杏。

（7）点心：大酥合、山楂酪（口汤碗）。

（8）压桌：什锦一品锅。内装清蒸鸡、白肘肉、鸡蛋荷包、海参、鱼肚、玉兰片、鸡饼、白山药、龙须粉、黄芽菜心。

（9）四饭菜：炒萝卜丝、炒菠菜泥、炒丁香、炒油菜。

（10）四小菜：府内自制小菜四种。

（11）四面食：荷叶饼、天花饼、菊花卷、象鼻卷。

（12）干稀饭。

孔府海参四大件席：

（1）每份手碟：黑白瓜子、长生果仁。

（2）八冷荤：洋粉鸡丝、绣球鸡胗、松花、鱼脯、海蜇、虾、麻酥藕、油焖鸡。

（3）四大件：玛瑙海参（大冰盘）、三套鸭子（大鸭池）、炸熘鲤鱼（大鱼池）、冰糖莲子（大汤盘）。

（4）八行件：鸡里爆、煎鸡塔、糟烧大肠、虾子烧玉兰棍、熘鱿鱼卷、精炒虾仁、水晶桃、口蘑汤。

（5）点心：菊花馓子、佛手酥、雪饺、大酥合。

（6）四压桌瓷鼓：四喜丸子、螺蛳肉、鱼肚汤、玉带鸡。

（7）四饭菜：炒豆腐、炒鸡子、炒芸豆、炒菠菜泥。

（8）四小菜：府内自制小菜。

（9）四面食：荷叶饼、云彩卷、百合卷、暄糕。

（10）干稀饭。

孔府寿席菜单：

菜单一：

（1）三大件：红烧海参、清蒸鸭子、红烧鱼。

（2）八凉盘：熏鱼、瓜子、盐卤鸡、海蜇、松花、花川、虾、长生仁。

（3）八热盘：炒鱼、汤泡肚、炒软鸡、炸胗肝、炒玉兰片、鸡塔、烩口蘑、山药。

（4）四饭菜：清鸡丝、红肉、烧肉饼、海米白菜。

（5）点心：甜、咸各一道。

（6）大米干饭：每桌全有。

合钱：八千五百文。

菜单二：

（1）两大件：烧海参、鱼（鸭子亦可）。

（2）两干果：瓜子、长生仁。

（3）六凉盘：炝鸡丝、鱼脯、烧虾（鸡酱亦可）、黄花川、松花、海蜇。

（4）六行件：炒软鸡、炸胗肝、炒鱼、炒玉兰片、烩口蘑、山药。

（5）六压桌：红肉（凤眼块）、鱼肚、鸡丝去骨、肉饼、白肉、海米白菜。

合钱：六千五百文。

菜单三：

（1）四凉碟：鸡丝、五香肠子、鱼脯、拌莴苣。

（2）四小碗：炒鸡丁、炒鱼、炸胗肝、山药。

（3）十大碗：红肉、甜饭、海参、瓦块鱼、八仙汤、清鸡丝（去骨）、鱼肚、海米白菜、白肉、肉饼（冬菜）。

合钱：四千文。

菜单四：

（1）四盘：鸡丝、酥鱼、白肉、芥末白菜（荤拌）。

（2）六碗：酥肉、红肉、丸子、海带、炒肉白、白菜。

合钱：一千八百文。

注：咸丰二年，衍圣公孔繁灏之妻庆寿，摆宴四百六十桌，耗钱一百三十八万文。光绪二十七年，衍圣公孔令贻庆寿，摆宴七百一十桌，耗钱六百一十万文。以上席面，选自这

两次的寿席菜单。

6.少数民族筵席

百里不同风，十里不同俗。华夏大地的少数民族，由于人们生存空间的不同，风土人情的差异，形成了各自独特的风俗习尚，反映在饮食结构尤其是带有宗族礼仪的宴席活动形式上，千差万别，繁花似锦。

明代满族宁古塔宴会

宴会开始，主人家男女老少轮番跳舞，一袖置额前，一袖放背后，中间者领唱，众人应和，表示对客人的欢迎。客人坐南炕上，主人敬烟、献奶茶，用盘端酒跪送年长之客，然后大家痛饮。酒毕在炕上铺油布，放上煮好的整猪、整羊或整鹅，用刀切开分食；随上其他菜品、点心、面食、茶果十余盘。客人吃饱后，将残羹赐给随行家奴，家奴叩头向主人致谢。

这是满族乡绅盛宴。其特点是：多“烧煮”（肉切大块白煮），爱“茶食”（糕点面食多），用“特牲”（整猪、整羊、整鹅入席）。

清代满族筵席

全猪、全羊、烧小猪、挂炉鸭、白蒸小猪（油包）、烧哈尔巴、白煮乌叉、糟羊尾、爆肚、烧肋条、猪骨髓、炒鱼翅、炒海参、酸菜汤、松仁煨鸡、搜娄、羊肚、小刀面。

这张菜单记载了不少满族名菜，对于研究满汉全席的成因有所帮助。

满族贵家大祭食肉会

满族贵家有大祭祀或喜庆，则设食肉之会。无论旗汉，无论识与不识，皆可往，均不发柬延请也。是日，院建高过于屋之芦席棚，地置席，席铺红毡，毡设坐垫无数，主客皆衣冠。客至，向主人半跪道贺，即就座垫盘膝坐，主人不让座也。或十人一围，或八九人一围。坐定，庖人以约十斤之肉一方置于二尺径之铜盘以献之，更一大铜碗，满盛肉汁，碗有大铜勺。客座前各有径八九寸之小铜盘一，无酰酱。高粱酒倾大瓷碗中，客依次轮饮，捧碗呷之。自备高丽纸、解手刀等，自切自食。食愈多，则主人愈乐；若连声高呼添肉，则主人必致敬称谢。肉皆白煮，无盐酱，甚嫩美。量大者，可吃十斤。主人不陪食，但巡视各座所食之多寡而已。食毕即行，不谢，不拭口，谓此乃享神之馂余，不谢也，拭口则不敬神矣。

——清·徐珂《清稗类钞》

这是一种特殊筵席，客人不请自来，主人迎而不陪，吃得越多越好。它是以“宴人”的形式来“敬神”，故而食毕可以扬长而去。这种祀筵，反映了清代满族的乡风民俗。

新疆蒙人之宴会

新疆蒙人之宴会，情文稠叠。宾客至门，闻马蹄声，主人趋出接缰下马，男西女东，启帘让客，由右进，坐佛龛下。荐乳茶、乳酒、乳饼，奉“纳什”，即烹羊以留食。其不相识者至门，必饫以酒食，居数日，敬如初，无辞客者。贵人官长至其家，屠羊为饷，必请视之，颔而后杀。食则先割头尾肉献佛，乃饷客。食毕，家人团坐，馂哎林（一村之意）父老争携酒肉寿客，谓贵人至其家，将获此福，歌以侑之。卑幼者至门，绕舍后下马，置策而后入。

——清·徐珂《清稗类钞》

这里写了菜品，写了礼仪，还写了饮宴全过程，资料可贵。

哈萨克人之宴会

哈萨克人朴诚简易，待宾客有加礼。……既坐，藉新布于客前，设茶食醺酪。贵客至，则系羊马于户外，请客觇之，始屠以饷客。杀牲，先诵经；血净，始烹食。然非其种人宰割，亦不食也。客至门，无识与不识，皆留宿食。……每食，净水盥手，头必冠；傥事急遗忘，则以草一茎插头上，方就食，否则为不敬。食掇以手，谓之“抓饭”。其饭，米肉相瀹，杂以葡萄、杏脯诸物，纳之盆盂，列于布毯。主客席地围坐，相酬酢，割肉以刀，不用箸，禁烟酒……尤嗜茶。

这是清真风味的筵席。民风淳朴，民俗特别。

缠回之宴会

新疆缠回之宴客，以多杀牲为敬。瓜果、饧饴、汤饼、肉腊之属，纷列于几。客至，皆叉手大啖。

西藏噶伦卜的乡宴

（1）面菜、生熟牛羊肉、枣、杏、核桃、葡萄、冰糖、焦糖各一二皿。

（2）果食、噶布伦、巴浪子、沙中意。

（3）油茶、土巴汤、奶茶、抓饭。

（4）蛮酒。

这是藏胞的传统筵席，从中可以了解西藏的民风食俗。

青海番族之宴会

青海番族之宴会也，酒用木碗，客前陈木匣。启之，中分数格，有青稞粉，有糖，有酥，听客自取。以肥羊脯投之釜，汤初沸，即出之，切为大脔，脔必露其骨寸许，如器之有把者。人持一脔置左袖，倒握其骨，如佛之持如意然。各出所佩小刀，割而食之，腥血常沾于唇。刀剑宜内向，向外则触主人之忌，礼貌顿减矣。无刀者，主人授之。客还主人刀，锋亦内向；向主人，则亦忌；刀插于地，或插于脯，则尤忌。主人顾译人而喃喃，似逐客矣。肉尽留骨，骨不可投，各陈于前；骨愈净，则主人愈喜。啖毕，主人执客手，以己之衣襟代拭腻垢，而后以麦饭出饷矣。

——清·徐珂《清稗类钞》

番族即藏族。这种宴客方式，一直沿袭到今天。

7.节庆筵席

中国是一个文明古国，又是一个节庆饮食文化特别发达的大国。古代有“四时八节”“四时七十二候”之说，这是人们认识宇宙间万物变幻，掌握春生、夏长、秋收、冬藏四季的自然规律，以便于进行赖以生存的农耕活动。

四时有节，八节有庆，七十二候都有不同形式的庆典活动。伴随节庆，产生了丰富多彩的节庆食品和各具特色的饮食聚餐形式。节庆宴席，依节而庆，“桑柘影斜春社散，家家扶得醉人归”就是唐代诗人王驾《社日》对春社节庆饮欢活动农家野趣的描述。至于古代诸多节庆始于何时、何人所置，宋代高承《事物纪原》讲道：

> 伏羲初置元日；
> 神农初置腊节；
> 轩辕初置二社；
> 巫咸始置除夕节；
> 周公始置上巳；
> 秦德公初置伏日；
> 晋平公始置中秋；
> 齐景公始置重阳、端午；
> 楚怀王初置七夕；
> 秦始皇始置寒食；
> 汉武帝始置三元；
> 东方朔初置人日。

古时民间，人们特别注重年节的节庆活动。春夏秋冬季季有节，东南西北四方有别。合家团圆，礼尚往来，彼此交往，亲朋好友酒食合欢，“朝朝寒食，夜夜元宵”。带有浓郁地域风情的节庆筵席、风格各异的节庆食品，深深地扎根于“寻常百姓家”，成为中华传统饮食文化的重要组成部分。甚至可以说，节庆宴席大众化的实用性，民族化的广泛性，格式化的传承性，是中国古代宴席千年不衰、世代相袭的根本原因。

明代宫廷御宴年节食单

据《明会典》所载，明代“凡立春、元宵、四月八、端阳、重阳、腊八等节，永乐间俱于奉天门通赐百官宴”。其“上桌”食单为：

正旦节永乐间上桌：茶食、像生花果子五盘、烧碟五盘、凤鸡、双棒子骨、大银锭、大油饼、按酒五盘、菜四色、汤三品、簇二大馒头、马牛羊胙肉、饭酒五盅。

立春节永乐间上桌：按酒四盘、春饼一碟、菜四色、汤一碗、酒三盅。

元宵节永乐间上桌：按酒四盘、果子、茶食、小馒头、菜四色、粉汤圆子一碗、酒三盅。

四月八节永乐间上桌：按酒二盘、不落荚一碟、凉糕一碟、小点心一碟、菜四色、汤一碗、酒三盅。

端午节永乐间上桌：按酒五盘、果子、小馒头、汤三品、糕一碟、粽子一碟、菜四色、酒五盅。

重阳节永乐间上桌：按酒二盘、糕二碟、小点心一碗、菜四色、汤一碗、酒三盅。

冬至节永乐间上桌：按酒五盘、果子五盘、茶食、汤三品、双下馒头、马羊肉、饭酒五盅。

明代宫廷御宴的节庆食品与今人年节食俗有许多相同相似之处，立春的春饼、元宵节的汤圆子、四月八的凉糕、端午节的粽子、重阳节的糕……这些传统食品不仅丰富了节庆宴席的内容，还促使古代宴席实质性的延续，成为人们日常生活中挥之不去的精神寄托。

夏令的宴会便席

（1）汤：火腿鸡丝冬瓜汤。

（2）肴：荷叶包粉蒸鸡、清蒸鲫鱼、炒豇豆、粉丝豆芽炒猪肉。

（3）点：黑枣蒸鸡蛋糕（或虾仁面）。

（4）果：每人一个。

这种便席的出现与当时“物价腾踊”有关。另外，席上配有“公碗公箸以取汤取肴”，“食时则用私碗私箸”，这种分食制取代传统的“派菜”，主随客意各取所需，既卫生又文明，是就餐方式的一大进步。

晚清北京冬日的生火锅

京师冬日，酒家沽饮，案辄有一小釜，沃汤其中，炽火于下；盘置鸡、鱼、羊、豕之肉片，俾客自投之，俟熟而食。有杂以菊花瓣者，曰菊花火锅，宜于小酌。以各物皆生切，而为丝、为片，故曰生火锅。

——清·徐珂《清稗类钞》

火锅的最大优势，自己动手举箸足食，投其所好各取所需，自烹自调其乐无穷，乐在翻江倒海，趣在自任其劳。

不同季节的时令食品，不同形式的聚餐方式，突出节庆宴席的主题，营造节庆饮欢的氛围。

三、古代名筵

在中国历史上，筵席是人们礼尚往来的重要形式。每个时期，都有名目繁多、形式各异的筵席出现。其中一些筵席形式或因其久远的渊源而被历代承袭，或因主题明确而为人们普遍接受，或因形式适用而不断普及，或因名噪一时而受人推崇。如周代的乡饮酒，唐代的烧尾筵、曲江筵，清代的千叟筵、全羊席、满汉全席等流传最广，影响最大，都成为传世的名筵。

1.乡饮酒

乡饮酒是中国古代筵席史上延续时间最长、流行范围最广的一种礼仪性饮宴活动。它是由最高统治者颁旨的主题宴。由于它主题突出、适用性强，又有宣扬礼教、维护统治秩序的功效，因而从西周时期兴起后，历代相沿，一直持续到清末。

西周制度以五百家为一党，一万二千五百家为一乡。后世因以“乡党”称乡里。《礼记·乡饮酒义》陈澔注引吕氏云：

乡饮酒者，乡人以时会聚饮酒之礼也。因饮酒而射焉，则谓之乡射。郑氏谓三年大比，兴贤者、能者，乡老及乡大夫，率其吏与其众以礼宾之，则是礼也。

西周制定的乡饮酒制度，乡大夫三年一举，党正一年一举，通过大比考核德行道艺，推举德才高尚者供国家任用。中选者由乡大夫设筵饯行，由乡里德高望重的老者和退职退休的官员陪饮。这种活动称"乡饮酒"。党正于每年年终腊祭时在党内举行的饮宴活动，亦属乡饮酒。至唐代，地方官员为乡贡赴京前的饯行亦称为乡饮酒。

乡饮酒有严格的尊卑次序和礼仪程序。《孟子·公孙丑下》云："朝廷莫如爵，乡党莫如齿，辅世长民莫如德。"《庄子·天道》亦称："宗庙尚亲，朝廷尚尊，乡党尚齿，行事尚贤，大道之序也。"乡党崇尚年齿，决定了乡饮酒的礼仪制度和尚齿的等级待遇。《礼记·乡饮酒义》规定：

乡饮酒之礼，六十者坐，五十者立侍以听政役，所以明尊长也。六十者三豆，七十者四豆，八十者五豆，九十者六豆，所以明养老也。

唐代阙名《乡饮赋》进一步阐明乡饮酒的礼仪程序及其尊老、养老内容：

乡饮酒之制，本于酒食，形于樽俎，和其长幼，洽其宴语，象以阴阳，重以宾旅，此六体者，礼之大序。至如高馆初启，长筵初肆，众宾便辟旋而入门，主人稽首而再至，则三揖以成礼，三让以就位。贵贱不共其班，少长各以其次。然后肴栗具设，酒醴毕备，鼙鼓递奏，工歌咸萃，以德自持，终无至醉。夫观其拜迎拜送，则人知其洁敬；察其尊贤尚齿，则我欲其无竞。

大道之序，爵、德、亲、贤、尊，归根结底尚齿为最。无论西周时的乡饮酒礼，还是清康熙、乾隆间的千叟筵，历代沿用的宴享形式尽管有所不同，但尚齿的主题、敬老尊老的宗旨始终如一。将中华民族养老的传统美德发扬光大，正是养老礼、千叟筵这种古代筵席经久不衰的根本。

2.烧尾筵

烧尾筵是唐代众多筵席中颇有名气的一种。唐代献食风盛，每逢喜事吉日，文武百官例行向皇帝献食。《旧唐书》佚文云："高宗朝，文武官献食，贺破高丽。上御玄武门之观德殿，奏九部乐，极至而罢。"献食又谓"烧尾"。据《辨物小志》载："唐自中宗朝，大臣拜官，例献食于天子，名曰'烧尾'。"宋代钱易《南部新书》言："景龙（707年）以来，大臣初拜官，例许献食，谓之烧尾。"明朱国桢《涌幢小品》卷十四称："唐进士宴曲江，曰'烧尾'；而大臣初拜官，献食天子，亦曰'烧尾'。"烧尾筵不仅等级高、场面大、适用性强，而且寓意甚深。唐代封演《封氏闻见记·卷五》"烧尾"：

士子初登荣进及迁除，朋僚慰贺，必盛置酒馔音乐，以展欢宴，谓之‘烧尾’。说者谓虎变为人，惧尾不化，须为焚除，乃得成人。故以初蒙拜受，如虎得为人，本尾犹在，体气既合，方为焚之，故云烧尾。一云：新羊入群，乃为诸羊所触，不相亲附，火烧其尾则定。贞观中，太宗尝问朱子奢烧尾事，子奢以烧羊事对。及中宗时，兵部尚书韦嗣立新入三品，户部侍郎赵彦昭假金紫，吏部侍郎崔湜复旧官，上命烧尾，令于兴庆池设食。

除上述说法外，“烧尾”还与“神鱼化龙，雷烧其尾”和“鱼跃龙门”的故事有关。据说鲤鱼跃上龙门之后，云雨随之，天火自后烧其尾才能转化为龙。由于“烧尾”寓意深刻，烧尾筵适用范围甚广，能敬上，直至皇帝；可待下，会朋交友。因而，烧尾筵在唐时不仅成为新任大臣谢皇恩的仪式，也是士子登第朋僚慰贺的欢宴。加以“烧尾”具有官运亨通、前程远大的象征色彩，自然更为人乐于采用。

据史料记载，韦巨源于唐中宗景龙年间官拜尚书令左仆射时，在家中设烧尾筵款待唐中宗。北宋陶谷《清异录·馔羞门》中列出这次筵席中五十八种珍肴：

1.饮食点心

单笼金乳酥　（蒸制酥点）

曼陀样夹饼　（炉烤饼）

巨胜奴　（蜜制馓子）

婆罗门轻高面　（蒸面）

贵妃红　（红酥皮）

七返膏　（糕点）

金铃炙　（类似印模月饼）
御黄王母饭　（类似盖浇饭）
生进鸭花汤饼　（鸭杂面）
生进二十四气馄饨　（做成二十四种花型）
见风消　（油酥饼）
火焰盏口䭔　（花色点心）
唐安餤　（厨花糕饼）
玉露团　（雕花酥点）
水晶龙凤糕　（枣馅、蒸制）
双拌方破饼　（花角饼）
汉宫棋　（煮印花圆面片）
长生粥　（食疗食品）
天花铧锣　（配多种调料）
赐绯含香粽子　（蜜汁粽子）
甜雪　（蜜饯面）
八方寒食饼　（木模制成）
素蒸音声部　（印字馒头）

2.菜肴羹汤

通花软牛肠　（羊油烹制）
光明虾炙　（活虾烤制）
同心生结脯　（干肉脯）
冷蟾儿羹　（蛤蜊汤）
白龙臛　（用反复捶打的里脊肉制成）
金粟平䭔　（烹鱼子）

金银夹花平截（蟹肉剁细包入卷筒）
凤凰胎（烧鱼白）
羊皮花丝（炒羊肉丝，切一尺长）
逡巡酱（鱼羊合烹）
乳酿鱼（奶汤锅子鱼）
丁子香淋脍（五香烩鱼片）
葱醋鸡（笼蒸）
吴兴连带鲊（烹鱼）
西江科（蒸猪前夹）
红羊枝杖（烹羊蹄）
升平炙（烤羊舌鹿舌）
八仙盘（烧鹅造型）
雪婴儿（豆苗贴田鸡）
仙人脔（奶汁炖鸡）
小天酥（鹿鸡同炒）
分装蒸腊熊（腌熊掌蒸食）
卯羹（兔肉羹）
青凉臛碎（果子狸夹脂油）
箸头春（烤鹌鹑）
暖寒花酿驴蒸（烂蒸驴肉）
水炼犊（烤牛犊）
五牲盘（猪牛羊鹿熊肉拼碟）
格食（羊肉、羊肠和豆花配制）
过门香（各种肉相配炸熟）
缠花云梦肉（缠成卷状）

红罗饤 （烧猪血）
遍地锦装鳖 （鸭蛋羊油烧甲鱼）
汤浴绣丸 （汆汤圆子）
蓄体间缕宝相肝 （不详）

这个菜单还不包括烧尾筵的全部菜点，但从中足可看出用料的精细和烹饪技艺的高超。其中如“仙人脔”“八仙盘”“凤凰胎”“金粟平䭔”“吴兴连带鲊”“遍地锦装鳖”“箸头春”“羊皮花丝”等，皆是我国古代烹饪史上的名菜佳肴。

3.曲江筵

曲江是唐代京师长安东南的游览胜地。唐时，进士与朝廷官员常常在这儿宴聚，故称“曲江筵”。曲江筵始于唐中宗神龙年间，至僖宗干符年间因黄巢起义军进长安而告结束，延续达一百七十多年。曲江筵设筵的时间、场合不同，具体称谓也不完全相同。如“关宴”“杏园宴”“曲江会”“曲江大会”等，都是曲江筵的别称。曲江筵的设筵目的，或庆贺大捷，或游览名胜，或文人聚会，或百官赏春等。

唐代新进士的曲江筵，实际上是一种游宴。与筵者不仅有新进士，还包括主考大人、公卿百官、新进士的亲朋好友，借庆贺拜谢之名，行游乐之实。

后来，曲江筵与筵者的范围越来越广，甚至连皇帝大宴群臣也选中曲江。杜甫《丽人行》中“三月三日天气新，长安水边多丽人”，就是描写唐玄宗天宝年间上巳节曲江筵的情景。唐代开元、天宝间，上巳节在曲江设筵已成例筵，年年举行。曲江筵大致可分为两类，一种是皇帝赐宴群臣众亲，包括宰相大臣、皇亲国戚，长安、万年两县的县令都能参加。这种筵席尽管属赐筵，但较之宫廷盛筵要轻松愉快得多，因为文武百官妻儿妾女合家与筵，不太受宫廷清规戒律的约束。另一种是民间的踏青游乐活动，无论贫富贵贱均可参加，这实际上是人们自发的游春野宴。这类野宴在开元、天宝间特别盛行，如仕女们的“探春宴”“裙幄宴”，都是这类野宴的别称。

唐代曲江筵，菜肴酒食自是必备之物，无须多说。值得注意的是多选用时令食品，如初春的春盘（亦称春饼，即今之春卷）、暮春的樱桃之类。人们在曲江张幕设席，畅怀痛饮，抒发情感，留下了许多脍炙人口的千古佳句。如，韩愈的“居邻北郭古寺空，杏花两株能白红。曲江满园不可到，看此宁避雨与风”；元稹的“当年此日花前醉，今日花前病里销。独倚破帘闲怅望，可怜虚度好春朝”；刘禹锡的“凤城烟雨歇，万象含佳气。酒后人倒狂，花时天似醉。三春车马客，一代繁花地。何事独伤怀，少年曾得意”。曲江筵在中国诗歌史与中国文化史上都有其独特的地位。我们可以从杜甫《丽人行》的诗句中窥见当时曲江筵的盛况。

三月三日天气新，长安水边多丽人。

……

就中云幕椒房亲，赐名大国虢与秦。

紫驼之峰出翠釜，水精之盘行素鳞。

犀箸厌饫久未下，鸾刀缕切空纷纶。
黄门飞鞚不动尘，御厨络绎送八珍。
箫鼓哀吟感鬼神，宾从杂遝实要津。
……

杨家兄妹在此游春赏宴，席面相当豪华。从餐具到菜肴，从乐工到随从，都是盛唐御宴的缩影。

4.千叟筵

“千叟筵”是清代皇帝为全国上千名老人举办的宫廷筵席。由于参加者人众年长，又是皇帝亲自主持的筵席，其规模之大、等级之高、耗资之巨，在古代筵席史上都是罕见的。

千叟筵的参加者遍及全国各地，都由皇帝亲自指定，交有关衙门通知，按路途远近提前启程，路远的甚至得提前两个月晓行夜宿，趱程赴京。

康熙五十二年三月十九日，皇帝六十大寿，宫廷首开千叟筵。分别于三月二十五、二十七日两次开筵，参加者仅六十五岁以上老人即达二千八百余人。

康熙六十一年正月，朝廷设千叟筵，宴请一千余名六十五岁以上的老人，分满汉两批入席。

乾隆四十九年，皇帝年过七旬又喜得五世元孙，于次年正月设千叟筵，有三千老叟与筵。

千叟筵不仅参加的人数空前，组织准备工作也相当浩大。乾隆六十一年的千叟筵，仅准备、置办的各种饮食用锅达一百一十六口，端送膳食、推运行灶雇用的夫役达一百五十六人。乾隆五十年的千叟筵，除宝座前的御宴外，共摆席八百桌，席分东西两路，相对而设，每路六排，每排摆席最少二十二桌，最多达一百桌。从皇极殿千叟筵示意图可见这一场面的壮观和尊卑等级的差异。

千叟筵分一等桌张与次等桌张两种，菜点的数量与质量有所不同。一等桌张菜点（每桌）：火锅二个，猪肉片一个，煺羊肉片一个，鹿尾烧鹿肉一盘，煺羊肉乌叉一盘，荤菜四碗，蒸食寿意一盘，炉食寿意一盘，螺蛳盒小菜二个，乌木筋二只，肉丝汤饭。次等桌张菜点（每桌）：火锅二个，猪肉片一个，煺羊肉片一个，烧狍肉一盘，蒸食寿意一盘，炉食寿意一盘，螺蛳盒小菜二个，乌木筋二只，肉丝汤饭。

据清宫内务府《御茶膳房簿册》记载，千叟筵的费用开支大得惊人。乾隆五十年的千叟筵，一等和次等桌张八百，连同御筵共消耗主副食品如下：白面七百五十斤十二两，白糖三十六斤二两，澄沙三十斤五两，香油十斤二两，鸡蛋一百斤，甜酱十斤，白盐五斤，绿豆粉三斤二两，江米四斗二合，山药二十五斤，核桃仁六斤十二两，干枣十斤二两，香蕈五两，猪肉一千七百斤，菜鸭八百五十只，菜鸡八百五十只，肘子一千七百只。另据清宫内务府《奏销档》记载，千叟筵每桌用玉泉酒八两，八百席共用玉泉酒四百斤。一次千叟筵，烧柴三千四百三十八斤、炭四百一十二斤、煤三百斤。

千叟筵不仅规模大、等级高、耗资巨，而且礼仪程序极其繁琐。全席从鼓乐齐鸣开筵至中和韶乐声止，其间丹陛大乐、乐曲、清乐、曲词、颂歌等九种宴乐轮番奏鸣，此起彼伏。席间出场的官、臣、领、监、管、卫、员等名目的宫廷人员达十四种，或赞礼，或管筵，或茶膳，或尚膳，或御前，或侍卫，人员众多。席间，与筵者须行礼七次。从三跪九叩入席到一跪三叩离场，中间还要叩拜一次，下跪，叩头，连滚带爬，似军营操练。“皇恩”浩荡，老叟难受。这种兴师动众、劳民伤财的筵席虽然举办的次数不多，却在中国筵席史上留下了“天下之最”的记录。

5.满汉全席

满汉全席是始于清康熙年间宫廷的一种大型筵席，以礼仪隆重正规、用料名贵考究、菜点品种繁多而闻名于世。它发源于清宫宴请满汉文武大臣的宫廷筵席，乾隆年间自宫廷流入民间，成为官府豪宅在上司入境、新亲上门等重大喜庆活动时的时尚筵席。

满人入关前，喜食大荤大腥，烹调方法简单粗糙，进餐形式仍是席地而坐、刀割而食。而汉人讲究饮食的结构比例，强调烹饪方法的多样，注重饮食礼仪的规范。清王朝建立后，满汉合一的官僚体制使双方的饮食习惯相互影响，彼此融合，逐步适应，形成了饮食中满汉合璧的格局，这是满汉全席产生的历史背景和重要起因。

满汉全席闻名于世，不仅仅是其菜点品种、数量的繁多，更重要的是满汉不同饮食观的互补共融，两种文化的渗透共存。满汉全席菜点多的有二百余款，一般一百零八款，至少也有七十二款。席间，既有满人多采用的烧烤烹煮，又有汉人惯用的糟煨炖烩，在古今中外的筵席上，应该是拔头筹的。

满汉全席在菜点编排上有一套独特的程序与格局，这在随后列举的扬州、川、广、鄂四份满汉全席菜单中便可知晓。从

《扬州画舫录》中的全席菜单来看，食次分五等即五份，每份搭配合理，先后有序。从第一份至第五份，器皿与菜肴相配由大到小，碗、盘、碟依次而上，完全符合人们的饮食需求层次。其菜点编排的食序也是根据当时筵席的奉献程序，即海鲜——古八珍——时鲜——满菜——酒菜——小菜——果品，这同古代筵席的菜单编排有许多相似之处。

满人宴饮有吃一席撤一席的习俗。谈迁《北游录·纪闻下》曾记述满人贵家宴客的这种习俗：

款客，撤一席又进一席，贵其迭也。豚始生，即予直，浃月炙食之。英王在时，尝宴诸将，可二百席。豚、鸡、鹅各一器，撤去，进犬豕。俱尽，始行酒。

这种满人宴饮习俗为满汉全席所采用，使之不再是一餐之饮、一餐之食，而是成为多餐甚至持续多天的饮食聚餐活动。

宫廷内举办的满汉全席除供当朝天子、皇父、皇叔、皇兄弟及皇太后、皇后、妃子、贵人等享用，还有皇族近嗣、当朝宰相、有功之臣等与筵。据传，享用满汉全席的有功之臣，对汉人只限于二品以上官员和极少数的皇帝心腹。当然，民间的满汉全席与筵面就十分宽泛了。至清末民国初，各地酒楼饭庄多以满汉全席相标榜，满汉全席的形式为各个菜系所接纳，演化出各种款式不同、风格迥异的满汉全席菜单。如沈阳的满汉全席“一君带八臣”的格式，即一大菜带八炒菜，翻台十二次；广州的满汉全席，南菜、北菜各五十四道，却是按星座三十六天罡、七十二地煞之数安排的。这充分说明满汉全席在中国筵席史上曾经有过的巨大影响。

清代扬州的满汉筵（《扬州画舫录》）

（1）头号五簋碗十件：燕窝鸡丝汤、海参烩猪筋、鲜蛏萝卜丝羹、海带猪肚丝羹、鲍鱼烩珍珠菜、淡菜虾子汤、鱼翅螃蟹羹、蘑菇煨鸡、辘轳锤 、鱼肚煨火腿、鲨鱼皮鸡汁羹、血粉汤。

（2）二号五簋碗十件：鲫鱼舌烩熊掌、米糟猩唇猪脑、假豹胎、蒸驼峰、梨片伴蒸果子狸、蒸鹿尾、野鸡片汤、风猪片子、风羊片子、兔脯、奶房签。

（3）细白羹碗十件：猪肚、假江瑶、鸭舌羹、鸡笋粥、猪脑羹、芙蓉蛋、鹅肫掌羹、糟蒸鲥鱼、假斑鱼肝、西施乳、文思豆腐羹、甲鱼肉片子汤、茧儿羹。

（4）毛血盘二十件：臞炙哈尔巴小猪子、油炸猪羊肉、挂炉走油鸡、挂炉走油鹅、挂炉走油鸭、鸽臞、猪杂什、羊杂什、燎毛猪肉、燎毛羊肉、白煮猪肉、白煮羊肉、白蒸小猪子、白蒸小羊子、白蒸鸡、白蒸鸭、白蒸鹅、白面饽饽卷子、什锦火烧、梅花包子。

（5）配碟八十件：洋碟二十件、热吃劝酒二十味、小菜碟二十件、枯果十彻桌、鲜果十彻桌。

清代扬州满汉筵是见诸众多史料中最早的满汉全席菜单，菜品共一百三十四道。该书指出，这种大席系“上买卖街前后寺观”的“大厨房”所制，专备“六司百官”食用。

川式满汉全席（吴宗祜《满汉全席》）

（1）手碟：毛目瓜子、白大扁豆（每人、对碟）。

（2）四相盘：扎板羊羔、芹王冬笋、甜熘鸭片、冻仔鸡丝。

（3）四冷盘：红卤鸽脯、酱汁面筋、宣威火腿、南糟螃蟹。

（4）四热碟：炸金钱鸡塔、香花炒肚丝、锅贴鲫鱼片、炒稻田鸡腿。

（5）四水果：京川雪梨两份、玲珑佛手两份。

（6）四糖碗：冰糖银耳羹、湘莲子羹、冰糖蛤士蟆、广荔枝羹。

（7）四蜜饯：金丝蜜枣、蜜寿星橘、蜜汁樱桃、蜜汁橄榄。

（8）八中碗：芹菜春笋、奶油鲍鱼、鸭腰蜇头、翡翠虾仁、蝴蝶海参、耳仔鸡、蟹黄银杏、金丝山药。

（9）八大菜：清汤鸽蛋燕菜、红烧南边鸡、玻璃鱿鱼、冬菰仔鸡、鱼翅烧乌金白、棋盘鱼肚、扬州大鱼、火腿菜心。

（10）四红：叉烧奶猪、叉烧宣腿、烤大田鸡、叉烧大鱼。

（11）四白：佛座子、剑头鸡、哈耳粑、项圈肉。

（12）到堂点：奶皮如意卷、冰汁杏闹汤。

（13）中点：五仁葱油饼、虾仁米粉汤。

（14）席点：哪玛米糕、荠菜烧麦、芝麻烧饼、桐川软饼。

（15）茶点：炸玻璃油糕、烧鲜慈菇饼、煎水晶包子、煎玫瑰饼、杏仁茶。

（16）随饭菜：耳烩宣腿丝、野鸡雪里蕻、豆芽炒鸭片、香菰近南菜、蚕豆香谷米饭、菜心稀饭。

（17）甜小菜：虾瓜（每人）、酱瓜（对镶上）。

广式满汉全席（许衡《粤菜存真》）

（1）到奉：每位蟹肉片儿面、咸甜美点四式。

（2）茗叙：香茗、红瓜子、银杏仁。

（3）第一度：

①两冷荤：京都熏鱼、花蕊肫肝。

②两热荤：鸡皮鲟龙、蚝油野菰。

③五大菜：一品上汤官燕、干烧大网鲍鱼、炒梅花北鹿丝、雪耳白鸽蛋（每位）、金陵片皮鸭。

④跟饽饽一度：鲜奶苹果露，精美甜点心四式。

（4）第二度：

①两双拼：菠萝拼火鹅、云腿拼腰润。

②两热荤：合核肾肝片、夜香鲜虾仁。

③五大菜：红扒大裙翅、鹤寿松龄、翡翠珊瑚、口蘑鸡腰（每位）、烧乳猪全体。

④跟千层饼、酸辣汤、酸菜。

⑤岭南咸点心一度、跟长寿汤一碗。

（5）第三度：

①两冷荤：卤水猪脷、青瓜皮虾。

②五大菜：熊掌炖鹧鸪、凤肝拼螺片、麒麟吐玉书、桂花耳鸭（每位）、如意鸡成对。

③跟片儿烧一度。

④申江美点心一度，跟长春汤一碗。

⑤会伊府面九寸。

（6）第四度：

①两双拼：露笋拼白鸡、酥羌拼彩蛋。

②五大菜：烩金钱豹狸、鹿尾巴蚬鸭、鼎湖罗汉斋、清汤雪蛤（每位）、哈儿巴一扎。

③跟如意卷一度。

④雪东甜点心一度，冰冻杏仁豆腐。

（7）第五度：

①四座菜：玉兰广肚、乌龙肘子、清蒸海鲜、锅烧羊腩。

②四饭菜：咸鱼、油菜、咸蛋、牛腩。

③三饭汤：蛋花汤、稀饭、硬饭。

（8）三十二围碟：

①四京果：酥核桃、奶提子、杏脯肉、荔枝干。

②四生果：鲜柳橙、潮州柑、沙田柚、甜黄皮。

③四糖果：糖冬瓜、糖椰角、糖莲子、糖橘饼。

④四水果：水莲藕、水葫蕴、水马蹄、水菱角。

⑤四蜜碗：蜜饯金橘、蜜饯枇杷、蜜饯桃脯、蜜饯柚皮。

⑥四酸菜：酸青梅、酸沙梨、酸子羌、酸荞头。

⑦四冷素：酥甘面根、卤冷白菌、申江笋豆、蚝油扎蹄。

⑧四看果：象生时果四样、雀鹿蜂猴百子寿桃一座。

鄂式满汉全席

（1）到奉茶席：

①三茶：银耳、龙眼、香茗。

②二点：一口酥、翡翠烧梅。

（2）三十二个围碟：

①二对相：玫瑰瓜子、挂霜杏仁。

②四水果：福州佛手、广州柠檬、莱阳雪梨、宜昌柑橘。

③四鲜果：巴河嫩藕、孝感红菱、咸宁马蹄、洪湖鲜莲。

④四干果：松仁、荔枝、桃仁、桂圆。

⑤四京果：冰糖葫芦、京式雪枣、玫瑰京糕、酥核桃仁。

⑥四蜜饯：金钱橘饼、佛手甜瓜、青色寿梅、金丝蜜枣。

⑦四看果：梅、兰、竹、菊四色盆景。

⑧四鲜花：珠兰、白兰、牡丹、月季孔雀形插花。

⑨二铺垫：青梅、冰糖。

（3）正席：

①四四拼：火腿 — 鸡脯 —肉松 —菜松、芦笋 —凤尾鱼 — 蛋松 — 香肠、鲍脯 — 酥鱼 — 油焖笋 — 醉花、肴蹄 — 蛋卷 — 虾须牛肉 — 春笋。

②四双炒：干烧紫鲍 — 蒜香肚肸、翠带虾仁 — 西红柿鱼卷、海棠鸡饼 — 翡翠口蘑、纸包双味 — 炸荷花雀。

③十大菜：荷包排翅、烤烧乳猪（带空心酥饼、饽饽、黄芽、葱白、甜面酱）、鸽蛋官燕（带双色美点：四喜蒸饺、咖喱鸡酥）、一品大鸟、挂炉填鸭（带银丝卷、荷叶饼、葱段、甜酱）、奶油猴菌（带双色美点：虾肉金鱼饺、蟹黄馅儿饼）、龙衣樊鳊、凤翅鳖裙、蜜汁火方（带四色美点：枣蓉贴锅饼、水晶松果包、双味鸳鸯酥、巧克力蛋糕）、三珍炖盆（乳鸽、鹧鸪、鹌鹑）。

④四饭菜：玫瑰腐乳、虾油乳瓜、香叶红鱼、甘草牛肉。

宫廷满汉全席是在满席——汉席——满汉席——满汉大席——大满汉全席的基础上，历经演变而成的历史名筵。尽管没有完全脱离满汉两大民族特定的区域范围，但都较明显地带有各个时期的政治背景和时代特征。在筵席的规格上突出“大”，在筵席菜肴的种类上力求“全”，全席的特征尤为突出。而盛行于民间上层社会的满汉全席，尽管极力标榜、百般模仿，仍然逊色于宫廷，但以其千姿百态、别具一格而著称于世。在力求“大”与“全”的同时，彰显各自民族优势和区域特色，更是满汉全席的一大亮点。

全席是古代名筵中一种特殊的宴种，是置席者出于某种特殊需要，精心编制整套菜品，原料选择、烹饪技法、风味特色相同或相近，或以专一取胜，或以广博见长，在全、精、趣、雅诸方面提高筵席规格档次。明清是全席盛行的黄金时期，在款式上求新求变，在技法上精益求精，在风韵上追求高雅。毫无疑问，全席的出现与风靡，是中国筵席走向成熟的显著标志之一。

6.燕窝席

燕窝席是以燕窝为主菜的筵席，起始于明代后期，至清盛行。以筵席的主菜所用的名贵原料命名筵席，是清代的一种时尚。除燕窝席外，还有烧烤席、熊掌席、海参席、鲍炙席、裙边席、鱼肚席、鱼皮席、鱼翅席、鱼唇席等等。这类筵席席面丰盛，款式多样，菜肴各具特色，尤以命名筵席的主菜为最佳，在烹调方式，盛具选择、上菜程序上更力求突出特色。

燕窝，亦称燕菜，是金丝燕在海边人烟稀少的岩石峭壁间所筑的窝。它由燕毛、苔藓、海藻及燕的胃液消化余物混合燕子的大量唾液胶结而成，营养价值极高。清代叶梦珠《阅世编》云："燕窝菜，予幼时（明崇祯年间）每斤价银八钱，然犹不轻用。顺治初，价亦不甚悬绝也。其后渐长，竟至每斤纹银四两，非大宾严席，不轻用矣。"可见，清代而后，随着燕窝身价的陡涨，燕窝已成为贵宾盛筵上的专用物。《调鼎集》中记载有二十三种精馔美肴的"上席菜单"，燕窝列首位而居"头菜"。

因此，其后凡有燕窝成肴入席多居席首。如光绪二十年（1894年），慈禧太后六十岁生日，曲阜孔府十月初四进贡早膳一席，其中大碗菜四品：万字金银鸭块，燕窝寿字红白鸭丝，燕窝无字三鲜鸭丝，燕窝疆字口蘑肥鸡。另外，进贡的早膳中还有燕窝八仙汤。又如乾隆二十六年二月十一日，皇帝早餐食冰糖炖燕窝，晚餐又食燕窝清蒸鸡。在满汉全席菜单中，第一份便有燕窝鸡丝汤。

《调鼎集》筵席菜单

（1）上席之一：

燕窝、鱼翅、海参、蛏干、冬笋煨鸡蹼、烧鲢鱼脑、挂炉羊肉、挂炉片鸭、炖火腿块（长切寸五分厚五分）、蟹。

烩蛏干、鹿筋烧松鼠鱼、煨樱桃鸡、炒羊肝、大块鸡羹、高丽羊尾、火腿炖烩鱼片。

野鸭烧海参、煨三笋净鸡汤、火腿冬笋烧青菜心、海蜇煨鸡块（去骨）、葵花虾饼、盐酒烧蹄桶、炖白鱼。

（2）上席之二：

燕窝、海参、鱼翅、瓢鸭、炖火腿、卤鸡。

蛏干（肥肉块配红烧大块苏鸡）、脍春斑、鸭舌烧青菜心、炒野鸭片、鸽蛋饺（苋菜炒鸽蛋）、烧羊蹄。

珍珠菜烩油炸鸽蛋、徽州海参、芙蓉豆腐衬火腿鸡皮、熟切火腿配野鸭脯、炒蟹、松蓥煨白鱼块、剔骨鸡配栗肉红烧。

油炸鸽蛋配白苋菜、八宝海参、蚌鳌煨蛏干、松菌烧冠油、文师豆腐、烧羊蹄、鸡汁燂白鱼片。

（3）上席之三：

燕窝、鱼翅（蟹腿红烧各半配装）、文师海参、蛏干（野鸭脯香芃火腿蹄筋）、挂炉羊尾、蟹、火腿冬笋汤。

冬笋煨鸡蹼、挂炉片鸭、烧鲢鱼脑（鸡皮石耳）、鸭舌青菜、蟹羹、羊脯、鸽蛋饺。

杂菜海参、鹿筋烧麻雀蹼、炖鸭块、松菌烧冠油、蟹饼、水田肉、荷花豆腐（取豆腐浆点以火腿汁，用小铜瓢撒入鲜汁锅）。

嘉兴海参、蛏干、麻雀蹼烧蹄筋、东坡肉、炒野鸭片、蟹、煨白鱼块火腿片。

（4）上席之四：

烧蛏干、肥鸭块煨海参、炸鱼肚（又炸鱼肚泡切丝作衬菜）、葵花肉圆（劗好加松仁或桃仁）、杂果烧苏鸡、烹炒鸡（配诸葛菜）、火腿烧青菜、炖白鱼、茼蒿栗菌烧炸鸽蛋。

（5）上席之五：

肉丝煨红汤鱼翅、烧海参（猪脑）、莲肉煨鸡、芙蓉豆腐、烧蟹肉、烧鸡杂、火腿笋丝。

清汤鱼翅、煨大块鸡羹、冬笋煨茶腿、鲟鱼、元宝肉。

清汤烩燕窝、野鸭烧鱼翅、白汤鸡块煨海参、火腿脍面条鱼、海蜇煨红汤拆骨鸡、冬笋火腿汤。

清汤鱼翅、杂菜海参、炒鲜蛏、火腿冬笋煨鸭块（去骨）。

（6）中席之一：

红汤野鸭、元宝肉、虾圆、烧鱼（鲥鱼块）、杂素、蚌螯豆腐皮、松菌笋尖煨拆骨鸡块。

烧肉块（烧盐酒大块肉）、烧青菜、长蛋、蚌螯豆腐、杂烩、杂小菜。

菜薹烧鱼翅、红汤海参（配甲鱼边）、鸡丝煨鲜蛏、火腿煨鹿筋、荠菜瓤野鸭、煨绿螺丝。

火腿煨肺块（去衣）、五香五丝整鸭。

（7）中席之二：

烧猪脑、烧血肠、茼蒿鸽蛋（菌笋鸽蛋）、冠油花煨鱼翅（冠油红烧）、猪脑烧海参（猪脑红烧荸荠）、烧鲨鱼皮、肉丝冬笋丝烩鲜蛏丝、刀鱼圆、燕笋煨火腿爪鲜猪爪（去骨）。

燕窝（鸡皮、鸽蛋、鸭舌）、杂菜烧海参、火腿撺斑鱼、野鸭烧鱼翅、冬笋炒鸡丝、蟹肉烧苔菜（蟹肉烧蔓菜）、火腿尖皮煨蹄尖皮。

（8）中席之三：

叉烧糯米大肠、叉烧数珠鸡、叉烧猪腰、叉烧哈尔巴。

蹄筋、盐水腰、炒虎头沙片、炒蟹肉（莴苣尖）。

鸡皮蟹肉拌鱼翅、笋尖煨鸡腿、海参（配鳝鱼丝腰丝）、杂菜海参、刀鱼圆、烩春斑、红白挂炉鸭。

诸葛菜烧鸭舌、小笋烧鳝鱼、烧鸡腰、烧冠油块、拌肚丝。

（9）中席之四：

烧东坡肉、煨红蹄（配虾米）、松菌烧冠油、葵花肉圆、煨肚（大肚）、瓤虾圆、蟹羹（蟹饼）、蟹肉炒素面（可加线粉）、豆饼烧豆腐饺、高丽羊肉（羊尾拖米粉油炸）。

挂炉羊肉、烧去骨羊膀、烧羊头、烧羊舌、烧羊脯、文师豆腐（配火腿米天花）、芙蓉豆腐、鸡冠海蜇烧冠油。

热炒——炒野鸡片、鸭掌、羊腰、羊肝（均用小磨麻油烧）。

这是据收藏在国家图书馆的《调鼎集》中所记，大约是清同治年间的一部手抄书。著者不详，共十卷，约二十万字，汇编了一千多种名菜和近百种筵席。这是迄今所发现的我国最大古食谱的孤本。

7.烧烤席

烧烤席，据徐珂《清稗类钞·烧烤席》记载：“烧烤席，俗称满汉大席。宴席中之无上上品也。烤，以火干之也。于燕窝，鱼翅诸珍馐外，必用烧猪、烧方，猪以全体烧之。”这是清末民初的解释，体现“满洲多烧煮，汉人菜多羹汤”的二者之长，凸显满汉同席、互补共融这一特定宴享方式的特殊价值。

烧烤席的称谓，突出烧烤。烧烤，“以火干之”的烹调方式，始于西周的“炮豚”，与“以全体烧之”却是一致的。“全体”即整形全身，或“豚肉一方”。“以火干之”的烧烤术奇特：迁肥硕乳猪一口，洗烫至净。再以茅蒿叶揩抹全身，洗涤后用刀刮皮剃毛。然后从肚皮下开膛，掏尽五脏，洗净内腹，实以茅草。用坚硬的柞木串起，架于火上，慢火烤炙。边烤边转动，使受热均匀。在烤炙过程中，时常用新鲜猪肉或上等麻油涂抹猪身，直至猪身色如琥珀，焦黄的皮上绽开裂纹。此菜不仅色泽诱人，香味浓郁，而且脆酥爽口。味美无比，足令食客垂涎三尺。仅从烧烤的烹调技术而言，无论烤猪、烤鸭，还是烤全羊，都是烧烤席的精髓之处，点睛之作。烧烤席以烹调方式命名名副其实。

明代筵席中有“割”之说，《金瓶梅词话》中对高档筵席的菜肴，有“三汤五割”“割凡五道，汤陈三鲜”的表述，实际上这确实是烧烤席，上烧烤席菜肴完成的“奉献”程式。据《乌青镇志》记载：“万历年间，牙人以招商为业。初至，牙主人丰其款待，割鹅开宴，召妓演戏，以为常。”割烧鹅必是筵席的头一道菜，然后才割烧鸭、割烧鸡、割烧猪。割，即现场操作的刀割食：奉献整形烧烤菜肴，膳夹两人衣礼服奉上，一人奉盘，一人操刀切割烧烤菜肴，“盛于器，屈一膝，鲜首座之长客。长客起箸，筵座者始从而尝之，典至隆也。”每割一次，客人要给厨役一次赏钱。待“三汤五割”毕，整个筵席才能结束，“五割”不仅实现烧烤席的主题，还尽显烧烤席与其他筵席不同的服务方式。

元代大型烤肉席

羊膊（煮熟、烧）、羊肋（生烧）、麞鹿膊（煮半熟、烧）、黄羊肉（煮熟、烧）、野鸡（脚儿、生烧）、鹌鹑（去肚、生烧）、水扎、兔（生烧）、苦肠、蹄子、火燎肝、腰子、膂肉（以上生烧）、羊耳、舌、黄鼠、沙鼠、搭刺不花、胆、灌脾（并生烧）、羊肪（半熟、烧）、野鸭、川雁（熟烧）、督打皮（生烧）、全身羊（炉烧）。

右件除炉烧羊外，皆用签子插于炭火上，蘸油、盐、酱、细料物，酒醋调薄糊，不住手勤翻，烧至熟，剥去面皮供食。

——《居家必用事类全集》

这桌席基本上是清真风味，以烤全羊为主，兼带部分野味。

8.全羊席

全羊席是以整只羊的不同部位烹制出不同口味的菜肴而成的筵席。以某种食物作主料烹制整桌筵席，在中国古代并不少见，如古时号称“五大全席”的“全龙席”“全凤席”“全虎席”“全羊席”“全素席”，就是以鳝、鸡、猪、羊及素菜为主料的。此外，牛、狗、鸭、鱼、虾、蟹乃至鹑、藕等，亦可烹制全席。在众多的全席中，全羊席声名最著。

全羊席是清代继满汉全席之后又一宫廷大宴，为清宫招待信奉伊斯兰教客人的最高筵席。全羊席的菜点安排和上菜顺序仿照满汉全席进行，但筵厅要求突出伊斯兰教的特色，桌布用蓝布或白布缝上蓝色“清真”二字。

清代袁枚在《随园食单》中说：“全羊法有七十二种，可吃者不过十八九种而已。此屠龙之技，家厨难学。一盘一碗，虽全是羊肉，而味各不同才好。”此论甚当。全羊席将羊体分档取料，大体分为头、脖颈、上脑、肋条、外脊、磨档、里脊、三岔、内腱子、腰窝、腱子、胸口、尾部等十三个部位及内脏，根据各部位的特点，用炸、熘等近三十种方法烹制出一百多种菜肴。例如羊耳朵，可分为上、中、下三断，三处可做出三样不同的菜肴：羊耳尖可做“迎风扇”，羊耳中段可做“双凤翠”，羊耳根可做“龙门角”。从头至尾，所有菜名不露一个“羊”字，均以形象、生动的别称代之。这是满汉全席所不及的。

作为宫廷大宴的全羊席，冷热大菜有七十二道之多。后来全羊席流入民间，稍加简化。一般官场请客，冷热大菜减为六十六道；而民间的全羊席，更减为四十四道菜，如人多则适当添菜。除大菜外，还有为数不少的干碟、鲜碟、甜品、点心、汤和清口素菜。因菜多量大，胃纳有限，因而上菜分为五段，每段用完，宾主退至休息室小憩，或喝茶抽烟，或下棋打牌，或聆听戏曲，过一二小时再入席。全席享用完毕，总要整整一天了。

全羊席菜单

全羊席菜品名称及分组上菜的顺序：

每位四平碟：四整鲜，四蜜堆，四素碟，四荤盘。

第一台面：

羊头菜二十种：

麒麟顶（旧称麟为四灵之一，故取此名。是第一宴席的首菜。取羊头脑盖部分带肉的一块肉。）

龙门角（羊耳根，带脆骨）

迎风扇（羊耳尖）

开秦仓　（羊耳根下，明堂骨的两块圆肉）
玉珠灯　（羊眼珠）
烩白云　（生羊脑）
明开夜合　（羊上下眼皮的一块肉）
望峰坡　（鼻梁骨带皮的一块肉）
采灵芝　（鼻尖上的一块圆肉）
双凤翠

一道点心：一、椒盐芝麻饼、松子黄凤糕、杏仁茶。二、素馅玉面饺、奶皮双凤卷、清汤冬笋、豆苗。

千层梯　（羊嗓子上膛的后半段）
天花板　（羊上膛前半段）
明鱼骨　（鼻内白色脆骨）
迎草香　（羊舌的上半段）
香糟猩唇　（羊上唇）
落水泉　（羊舌头）
饮涧台　（羊下巴两边的肉）
熟骆峰　（羊两腮带皮的肉）
金道冠　（羊后脑顶上带皮的肉）
蝴蝶肉　（羊脖子肉）

以上是用羊头部选料制作的菜名。

二道点心：一、冻馅酥盒、三鲜小馅饼、酸菜汤。二、果馅蒸糕、水晶三角、黑芝麻面茶。

第二台面：

玉环销、彩凤眼、五花宝盖、五关销、提炉鼎、爆炒玲珑、鼎炉盖、安南子、七孔灵台、凤头冠、炸铁雀、算盘子、梧桐子、炸鹿尾、红叶含霜、红炖豹胎、爆荔枝、烩银丝、百子人囊、八宝袋、鹿挞户、蜜蜂窝、拔草还原、千层翻草、穿丹袋、百子葫芦、花爆金钱、天鹅方腐、黄焖熊胆、烩鲍鱼丝、山鸡油卷、犀牛眼、爆炒凤尾、素心菊花、红烧龙肝、清烩凤髓、苍龙脱壳。

以上为羊心肝肚肠腰等料制作的菜肴名称。

糟蒸虎眼、黄焖熊掌、清烩鹿筋、清煨登山、五香兰肘、锅烧腐竹、松子肩扇、酥烧琵琶、蜜汁乌叉、蜜汁髓筋。

八大碗：樱桃红脯、百合鹿脯、吉祥如意、冰花松腐、玻璃方腐、清炖牌盒、满堂五福、竹叶梅花汤。

以上多为羊肉、腿蹄制作的菜肴名称。

炸羊尾（四碟）：炸银鱼、炸血角、炸东篱、炸鹿茸。

四素碟：炸鹌鹑、炒鹦哥、烧凤腿、熘燕。

饭食及小菜：干、稀饭（每位）：炒龙凤干饭、红莲米稀饭。

四色烧饼：麻酥烧饼、麻酱烧饼、干菜烧饼、素馅烧饼。

四面食：银丝卷、玉带卷、螺丝卷、蝴蝶卷。

四小菜：甜干露、酱核桃仁、酱杏仁、酱黄瓜。

四色泡菜：泡黄瓜、泡红心萝卜、泡芸豆、泡白菜。

9.八珍席

在我国，历史悠久最负盛名的珍馐美味当属“八珍”。《三国志·魏·卫觊传》云：“饮食之肴，必有八珍之味。”古代八珍席是以筵席菜肴的食材主料命名的名筵，应该是始于夏、商，成型于周代，盛行于后世的历朝历代。据《周礼·天官》等古籍记载，早在周代已有一整套完整的周代八珍席菜单存在，食材主料详细。据《周礼·天官》《礼记·内则》《礼记注疏》等记载，烹饪具体方法：

淳熬（肉酱油烧饭）、淳母（肉酱油浇黄米饭）、炮豚（煨烤炸炖乳猪）、炮牂（煨烤炸炖母羔）、擣珍（烧牛、羊、鹿里脊）、渍（酒糟牛羊肉）、熬（五香酱卤牛肉干）、肝膋（网油烤狗肝）。

这里的“淳熬”“淳母”分别用旱稻、黍米做成的肉酱盖浇饭。“炮豚”是先烤后炸再炖的乳猪，最后调以肉酱。“擣珍”是一种经过捶打而后烧成的里脊肉块。“渍”是一种用于生吃的经酒浸牛肉干，并蘸以酱、醋和梅子酱。“熬”是用姜、桂皮、盐腌制而成的牛、羊、麋、鹿、肉干。

“八珍”开创了用多种烹饪方法制作不同菜肴的先例。在中国饮食史上占有不可替代的作用。这是目前发现最早的一套完整的古筵菜单，更是后世八珍席的模本。以食材成名的周代八珍席，突出了菜肴选料的“珍”，强调菜肴制作的“奇”。中华民族传统饮食文化，注重饮食结构的合理，食材选用的珍贵，烹调技术的奇特。物以稀为贵，“八珍”首要是对八种名贵食材的选择，质与量的绝配。自古人们对食物的崇尚习俗，把天下美食，人间佳肴统以“山珍海味”或“山珍海错”冠之。所谓“珍”，品种稀有；所谓“错”，种类繁多。

据相关资料显示，被列为山珍的食材有：熊掌、犀鼻、象拔、犴鼻、驼峰、果子狸、豹胎、狮乳、猴脑、猩唇、鹿尾、鹿筋、鹿茸、红燕、锦鸡、鹧鸪、彩雀、斑鸠、红头鹰、猴头菌、银耳、竹荪、驴窝菌、羊肚菌、花菇、黄花菜、云香信、蛤士蟆、野鸡崽、凫脯等。被列为海味的有：鱼翅、鲍鱼、鱼唇、海参、裙边、干贝、鱼脆、燕窝、大乌参、鱼肚、鱼骨、海豹、狗鱼、鲥鱼、对虾等。另外，被民俗列为珍品的有：龟、鳖、鹿胎、鹿肉、鹿鞭、鸭舌、鸭掌、鳄鱼肉、裙菜、大口蘑、松菇、阿胶、虫草、海贝等。

古代八珍席依食材主料来源的不同，有海陆山水之分，有上中下之别。

元代迤北八珍席

醍醐（精制奶酪），麆沆（小獐脖颈），野驼蹄（可能是道汤菜），鹿唇（可能用烧扒方法制成），驼乳糜（驼奶肉米粥），天鹅炙（烤天鹅），紫玉浆（可能是羊奶），玄玉浆（马奶子）。

这是元代北方少数民族王公的高级筵席，草原气息浓郁。元代迤北八珍席，也都具有风味全席的特征属性。

龙凤八珍席

龙肝（多用白马、鳝鱼、娃娃鱼或穿山甲替代）、凤髓（多用锦鸡、乌鸡、孔雀或飞龙替代）、豹胎、鲤尾、鸮炙（烧猫头鹰）、猩唇、熊掌、酥酪蝉（可能是种羊油乳酥薄饼）。

该席和以下各种八珍席都是从周代八珍和迤北八珍演变来的。本席又名“天厨八珍”，可能源于元明宫廷，融合了汉蒙饮馔风味。

参翅八珍席

参（海参）、翅（鱼翅）、骨（鲨鱼或鲟鱼头部软骨）、肚（黄鱼或鮰鱼的鳔）、窝（燕窝）、掌（熊掌）、蟆（蛤士蟆）、筋（鹿蹄筋）。

参翅八珍席又名“水陆八珍”“海陆八珍”，全系山珍海味的精品。苏轼给徐十二的信中，提到过“陆海八珍”。

山八珍席

熊掌、鹿茸、象拔（即象鼻，亦可用犀牛鼻、犴鼻替代）、驼峰、果狸（即水果狸）、豹胎、狮乳（雌狮的乳房）、猴脑（猴子的脑髓）。

该席原料全部取自山珍，大约出现在明清时期。

水八珍席

鱼翅、鲍鱼、鱼唇（鲨鱼或黄鱼唇）、海参、鳖裙边（鳖壳边的软肉）、江瑶柱（干贝的一种）、鱼脆（又称明骨，即鲟鳇鱼鼻骨）、蛤士蟆。

水八珍席原料取自水鲜，问世时间大约同于山八珍。

禽八珍席

红燕、飞龙（东北特产的榛鸡）、鹌鹑、天鹅、乳鸽、鹧鸪、野鸭、仙鹤。

禽八珍席原料取自飞禽。新中国成立后仿制的广式满汉全席中有禽八珍菜品。

草八珍席

猴头（猴头菌）、银耳、竹笋、驴窝（一种菌类）、羊肚（一种菌类）、香菇、口蘑、鸡棕（云南特产的鲜蘑）。

草八珍席原料取自食用菌。新中国成立后仿制的广式满汉全席中有草八珍菜品。

上八珍席

狸唇（果子狸唇肉）、驼峰、猴头、熊掌、燕窝、凫脯（野鸭胸脯肉）、鹿筋（鹿蹄筋）、唇胶（干制黄鱼唇）。

仿膳饭庄制作的满汉全席中也有上八珍，其组成为：红烧猩唇、侉炖驼峰、玉笔猴头、红扒熊掌、芙蓉燕菜、黄养凫脯、红焖鹿筋、猴脑。

中八珍席

鱼翅、银耳、果子狸、广肚（广东产的鱼肚）、鲥鱼、蛤士蟆、鱼唇、裙边（甲鱼裙边）。

前面的上八珍，这里的中八珍和后面的下八珍，均是就筵席等级而言的，虽“八珍”有别、烹法不同，但格式基本相近。

下八珍席

海参、龙须菜（台、闽特产）、大口蘑（内蒙古特产）、川竹笋、赤鳞鱼（泰山特产）、江瑶柱、蛎黄、乌鱼蛋（墨鱼仔）。

仿膳饭庄制作的满汉全席中也有下八珍，其组成为：蝴蝶海参、扒鲍鱼龙须菜、花酿大石子、凤眼竹笋、香酥鸭子、绣球干贝、珊瑚蛎黄、西红柿乌鱼蛋。

烧烤八珍席

清汤透明燕菜、炉烤脆皮乳猪、绣球鱼翅二汤、红烧丹东熊掌、火烩龙肠霞笋、汤酿百花鸽蛋、各份冰糖银耳、麒麟大昌鳜鱼。

烧烤八珍席又名“燕翅大烧烤”，主菜必须包括燕窝、鱼翅、烤乳猪和烤鸭（有时可用红烧熊掌替代）。这是民国年间湖北的高级席面之一。

仿八珍席

（1）海味八珍席：鱼翅、海参、鱼肚、海菜、干贝、鱼唇、鲍鱼、鱿鱼。

（2）飞禽走兽席：象鼻、猩唇、熊掌、驼峰、猴脑、鹿尾、豹胎、燕窝。

（3）水乡八鲜席：菱、藕、芋、柿、虾、蟹、蜱螯、萝卜。（据《扬州画舫录》）

（4）北味四大名肴席：犴鼻、飞龙、熊掌、猴头菇。

（5）南味十大名鲜席：鲟龙、鳊鱼、鲈鱼、嘉鱼、鳜鱼、石斑鱼、鳎鱼、明虾、响螺、蟹。

（6）菌中四宝席：竹笋、香菇、猴头、银耳。

（7）江汉三鲜席：水三鲜（鲥鱼、河豚、白虾）、林三鲜（樱桃、枇杷、杏）、地三鲜（苋菜、黄瓜、蚕豆）。

（8）庐山三石席：石鸡、石鱼、石耳。

（9）井冈三宝席：石怪（一种蛙类）、石耳、石溪茶。

（10）江东四美席：鳜鱼粉、西施乳、刀鱼羹、金盘玉箸。

仿八珍席的席面均以地方名特原料取胜。多为借其意，仿其形，虽名不副实，却能以假乱真，充满情趣。美食是按照人类需求和生存规律创造出来的物质精神财富，渗透着人类智慧和唯美意识。美食的创造是人类文明的标志，而诸多古代八珍席，精妙绝伦的美味佳肴，风格各异的古代名筵，彰显中华饮食文明的极致!

综述古代筵席种种，食德饮和，是设筵布席的最高境界，是饮食文明的重要标志。

【第四章】

宴乐

宴乐，饮宴娱乐。

筵席的出现，给予人们的不仅是食欲上、物质上的满足，而且它还以一种特殊的形式和功用向人们提供“乐”的机会，即精神上的享受，充分展示人类文明从物质到精神，又从精神推动物质发展的规律。乐，指的是娱乐、乐趣、快乐，包括音乐、舞蹈、诗歌等一切使人的感官得到享受的方式。乐与筵席相结合而产生的“宴乐”，使筵席的形式与功用更趋完美，成为筵席的重要组成部分。

一、宴乐的产生

研究古代宴乐的产生，首先要探讨“乐”的起因，尤其要追溯最原始的“乐”的形式。“乐”是人类文明的重要标志之一。人类文明始于饮食的进步，“乐”与饮食的关系密不可分。宴乐的客观基础是筵席，而以“乐”的产生为前提条件。“礼”和“乐”结合成为礼乐，礼乐作用于鬼神成为祭祀乐章，作用于人则成为饮食娱乐。宴乐与祭祀乐章是彼此相通、紧密相连的。

1.宴乐的起源

古代祭祀乐章早在氏族社会即已基本成形。《吕氏春秋·古乐》云：“昔葛天氏之乐，三人操牛尾，投足以歌八阙。”在这“投足以歌”即歌舞的“八阙”中，就有一阙《敬天神》。可见在葛天氏时代的祭祀活动仪式中，就已经有了祭祀乐章。《礼记·郊特牲》则记载了殷商时代的祭乐：

有虞氏之祭也，尚用气，血腥爓祭，用气也。殷人尚声，臭味未成，涤荡其声，乐三阕，然后出迎牲，声音之号，所以诏告于天地之间也。

宴乐作为一种礼乐制度而产生，并非一朝一夕的事情。原始部落时期，人们在果实收获时和部落战争中取胜时都会自发或有组织地进行各种各样的庆贺活动，以表露自己喜悦的心情。《尚书·尧典》云：“予击石拊石，百兽率舞。”一群原始人，披着各种兽皮，用石相击，或用手击石打出节奏，以这种石器劳动工具来当乐器伴奏舞蹈，借以表示他们的满足与愉快。而这种喜悦心情在有饮有食的场合表现得更为突出：人们围坐在篝火四周，或仿兽态或学鸟鸣，敲打着石器和炊具，手舞足蹈，乐不可言。这可以说是人类最原始的宴乐形式。由于各个部落都有自己的庆贺方式，这些方式在其部落内部不断延续，逐步完善，慢慢形成固定的程序。这些“乐”的形式和程序，在祭祀活动中运用，成为祭祀乐章，在饮食聚餐活动中运用，即成为宴乐。

《周礼·春官·钟师》云：“凡祭祀、飨食，奏燕乐。”“镈师，掌金奏之鼓。凡祭祀，鼓其金奏之乐。飨食、宾射，亦如之。”“靺师，掌教靺乐。祭祀，则帅其属而舞之。大飨，亦如之。”《周礼》将祭礼、宴饮活动中所用

“乐”的方式、等级、范围用“亦如之”予以概括，正说明祭祀、宴饮这两种礼仪活动之间的关联。宴乐源于古代祭祀乐章与筵席源于古代祭祀活动是一致的，它与人类文明始于饮食是同步的。

2.宴乐的形式

宴乐真正被人们充分理解与接受并以完整的仪式作用于人类的文明生活，是建立在“以乐侑尸”“以乐侑食”等功能被人们普遍认识的基础之上的。对宴乐进行系统总结并加以制度化的最早文字记载见之于《周礼》《诗经》《礼记》等古籍。

《周礼·春官》对乐事的组织、人员、职责作了严格、具体的规定。仅为乐事所设的官职就有二十多职，如大司乐、乐师、大胥、小胥、大师、小师、瞽蒙、视瞭、典同、磬师、钟师、笙师、镈师、韎师、旄人、钥师、钥章、鞮鞻氏、典庸器、司干等。不仅如此，在这些职官之下，又分别配备若干中大夫、下大夫、上士、中士、下士之类的小官。在这些小官之下，又有众多的专职人员如府、史、胥、徒等。庞大的乐事队伍，足以证明周代对祭祀、燕饮乐事的重视程度。

从《周礼·春官》中还可看出，西周乐事组织严密，分工明确。如，大司乐为乐官之长，掌大学的教法，以乐舞教国子，以六律、六同、五声、八音、六舞，谐和音节，使进退应节舞声相合；乐师掌理国学的政事，教国子帗舞、羽舞、皇舞、旄舞、干舞、人舞等小舞；大胥掌理卿大夫诸子当学舞的名籍等，使进退周旋合音乐的节奏；大师掌六律六同以合阴阳之声；小师掌教鼓鼗柷敔埙箫管弦等；典同掌六律六同之和；

磬师掌教击磬，击编钟，教缦乐、燕乐之钟磬；笙师掌教竽、笙、埙、钥、箎、篴、管，撞击牍、应、雅，以教祴乐；视瞭掌击奏笙鼗磬等乐器；鞮鞻氏掌四夷之乐与声歌等等。可见西周乐事正规隆重，分工具体细致，宴乐种类繁多，技艺已达较高水平。同时，从中亦反映出乐事与礼仪配合形式的制度是严格的，如小胥一职，"掌学士之征令而比之"，专门以觵罚饮，巡视舞者行列，笞打那些不认真的舞者。

《诗经》中有不少诗篇本身就是宴会乐歌，尤以雅、颂更为突出。如《小雅·宾之初筵》，描述周时一个钟鼓齐鸣、其乐融融的宴乐场面：

宾之初筵，左右秩秩。
笾豆有楚，肴核维旅。
酒既和旨，饮酒孔偕。
钟鼓既设，举酬逸逸。
大侯既抗，弓矢斯张。
射夫既同，献尔发功。
发彼有的，以祈尔爵。

这种有主有宾、有酒有肴、有钟有鼓、有次有序的礼乐场面，不仅体现周时筵席的规格，而且也展示出当时的宴乐水平。

最能反映周时宴乐水平且能说明宴乐形成的文献记载是《礼记·乡饮酒义》。乡饮宴乐分为三个层次，按筵席仪式进行编排，采用歌和曲、唱和奏两种乐的基本形式，"三终"共选择歌、曲各九首。

第一层次，先歌三曲，再奏三曲。歌《鹿鸣》《四牡》《皇皇者华》，曲奏《南陔》《白华》《华黍》。

第二层次，歌唱和奏曲相互交叉进行：一“终”，堂上先歌《鱼丽》，堂下奏《由庚》；二“终”，堂上歌《南有嘉鱼》，堂下奏《崇丘》；三“终”，歌《南山有台》，堂下奏《由仪》。

第三层次，以奏曲伴歌唱，分三步进行：第一步“工歌《关雎》，则笙吹《鹊巢》合之”；第二步“工歌《葛覃》，则笙吹《采蘩》合之”；第三步“工歌《卷耳》，则笙吹《采苹》合之”。

乡饮酒宴乐格局的编排是围绕宴席主题，依照礼仪程序、进菜先后统一考虑、合理安排的。宴乐先后有序，快慢有节，形式多样，筵席气氛受宴乐调节，时起时伏。完整性、节奏感、多变换是乡饮酒宴乐的一大特色，也是其成功之处。周代宴乐不仅有着高超的技艺，而且已形成一套完整的格式、程序，并已与礼仪融为一体，成为重要的礼乐典章。乡饮酒的宴乐形式与礼仪程序为后世沿用，一直延续到明清时期。

二、宴乐的作用

乐的作用古人有专论。《周礼·春官·大司乐》云：“以六律、六同、五声、八音、六舞、大合乐，以致鬼神示，以和邦国，以谐万民，以安宾客，以说远人，以作动物。”显然，“乐”的作用是广泛的，深远的。而宴乐，作为一种特定的“乐”的形式，尽管其适用范围仅限于筵席活动，但由于它是与礼仪、饮食相结合而形成的特殊娱乐方式，因而其作用又是十分突出的。

1.围绕筵席主题，调节筵席气氛

中国古代筵席的一个重要特征是主题突出，目的明确，无论宫廷盛宴还是家庭便宴抑或其他名目的筵席，都有明显的目的。而宴乐，作为筵席的重要组成部分，紧紧围绕筵席的主题，运用多种形式调节筵席的气氛，美酒佳肴成宴，钟鸣鼎食纷呈，乐舞侑食，杂剧调动，吟诗作赋，猜拳行令，绝咏妙喻，使宴乐的内涵与筵席的主题相符合，令与筵者沉浸在这种特定的氛围中，从而把筵席推至完美的境地。

2.宴乐与礼仪结合，形成完整的筵席程序

程序化是中国古代筵席的又一个显著特征。饮食与礼乐有机结合，相互融通，科学编排成完整的礼仪程序，是我们的祖先对饮食文化的一大贡献。我们的祖先深知人的感觉器官之间的互感作用，把饮、食、礼、乐等通过视觉、听觉、触觉、嗅觉、味觉的充分调动，彼此作用，产生综合效果，使与筵者在物质上、精神上得到更高级的享受。显然，仅靠高档的餐饮是难以达到这种境界的。所以，我们的祖先十分注重宴乐在筵席中的作用和效应，筵席自始至终，每奉一菜、每敬一酒甚至连宾客入席、退席，都有严格的宴乐程序相呼应。

例如，西周三年一次的乡饮酒就十分强调宴乐程序的编排。《礼记·乡饮酒义》陈澔注：

工（乐工）入而升堂，歌《鹿鸣》《四牡》《皇皇者华》，每一篇而一终也。三篇终，则主人酌以献工焉。吹笙者入于堂下，奏《南陔》《白华》《华黍》，亦每一篇而一终。三篇终，则主人亦以酌献之也。间者，代也。笙与歌皆毕，则堂上与堂下更代而作，堂上先歌《鱼丽》，则堂下笙《由庚》，此为一终。次则堂上歌《南有嘉鱼》，则堂下笙《崇丘》，此为二终。又其次，堂上歌《南山有台》，则堂下笙《由仪》为三终也。合乐三终者，谓堂上下歌瑟及笙并作也。工歌《关雎》，则笙吹《鹊巢》合之；工歌《葛覃》，则笙吹《采蘩》合之；工歌《卷耳》，则笙吹《采苹》合之。如此皆竟，工以乐备告乐正，乐正告于宾而遂出。盖乐正自此不复升堂矣。

《东京梦华录》卷九“宰执亲王宗室百官入内上寿”所述北宋皇帝寿筵中的宴乐更为详尽，连每行一次酒、每奉一次食都有不同的筵席形式和种类，而且以筵席的九杯酒分成九个程序，每个程序不仅菜肴种类不同，宴乐形式也多种多样。明代洪武元年《圜丘乐章》更对御筵的曲目作了具体规定：进俎时奏《凝和之曲》，撤馔时奏《雍和之曲》，还有什么《迎膳曲》《进膳曲》《进汤曲》等等，不一而足。宴乐在筵席中的规定越具体，就越显示出宴乐的作用。宴乐与礼仪结合形成完整的程序，正说明宴乐是筵席不可分割的重要组成部分。

3.以乐侑食

古人重视宴乐，不仅因为宴乐可以突出筵席主题、调节筵席气氛，可以完善筵席的礼仪程序，而且宴乐还有“侑食”的特殊功效，也就是古人所说的“以乐侑食”。

“以乐侑食”，语出《周礼·天官》：

> 膳夫，掌王之食饮膳羞，以养王及后、世子。凡王之馈，食用六谷，膳用六牲，饮用六清，羞用百有二十品，珍用八物，酱用百有二十瓮。王日一举，鼎十有二物，皆有俎，以乐侑食。膳夫授祭，品尝食，王乃食。卒食，以乐彻于造。

“侑”，劝也，源于古代祭祀活动中的“侑尸”。西周祭祀活动中有人装神称之为“尸”。当“尸”走至其位时，主祭者向“尸”跪拜，请“尸”安坐。而后，随着祭礼仪式的进行，有专人向“尸”奉上酒食，劝“尸”勤饮多食，此举称“侑”。因而，“以乐侑食”，就是以“乐”的形式，劝诱食者多吃、吃好。实际上，在宴饮活动中，适时、适量伴以音乐、舞蹈等“乐”的形式，从而创造出一个更加有利于进餐的环境，以振奋食者的精神，愉悦食者的心境，满足他们的心理需求，是人们物质生理需要基本满足后的进一步愿望。现代科学的发展进一步证实，“以乐侑食”有提神醒脑、帮助消化、促进健康的功效。这就难怪“以乐侑食”相沿不衰，“乐”成为历代筵席中不可缺少的重要组成部分。

三、宴乐的发展

宴乐在西周时期基本形成并且予以制度化，无疑为后世宴乐的发展打下了坚实的基础。宴乐和筵席的发展是同步的，都以物质资料的不断丰富为前提，都受到国家政治、经济、文化等因素的直接影响。两汉时期宴乐的发展充分说明了这一点。东汉班固《东都赋》云：

天子受四海之图籍，膺万国之贡珍。内抚诸夏，外绥百蛮。尔乃盛礼兴乐，供帐置乎云龙之庭。陈百寮而赞群后，究皇仪而展帝容。于是庭实千品，旨酒万钟。列金罍，班玉觞，嘉珍御，太牢飨，尔乃食举《雍》彻，太师奏乐。陈金石，布丝竹，钟鼓铿鍧，管弦烨煜。抗五声，极六律，歌九功，舞八佾，《韶》《武》备，太古毕。四夷间奏，德广所及。僸佅兜离，罔不具集。万乐备，百礼暨，皇欢浃，群臣醉。降烟煴，调元气，然后撞钟告罢，百寮遂退。

从中反映出东汉初期的筵席与宴乐已发展到相当高的水平。

汉代宴乐的发展突出表现在宴乐形式增多，范围扩大，质量提高，宴与乐的配合更加礼仪化、程序化。这些特点在宫廷筵席中表现得尤为鲜明。据《汉书·礼乐志》《隋书·音乐志》介绍，汉代宴乐十分注重宴乐形式在不同场合的运用，围绕筵席主题，运用恰如其分的宴乐，从而提高筵席的档次和效果。如，“上寿酒奏《介雅》，取《诗》‘君子万年，介尔景福’也”；“食举奏《需雅》，取《易》云‘上于天需，君子以饮食宴乐也’”；“撤馔奏《雍雅》，取《礼记》‘大飨客出以《雍》撤’也，并三朝用之”；“三揖成礼，九宾为传，圆鼎临碑，方壶在面，《鹿鸣》成曲，《嘉鱼》入荐”，等等。名目繁多的筵席，将宴乐分门别类，将饮食、礼乐有机结合，形成完整的程序，使筵席“升有仪，降有序”，显得更加完美。

至今仍然保存的我国汉代石刻中的宴乐画面更加形象地反映了汉代宴乐的发展状况。

山东武梁祠有一组反映当时宴乐的百戏场面：有男有女，有人弹琴，有人吹埙，有人吹篪，还有人玩杂技。

山东嘉祥画像石的第二层，左右两侧都有宴乐画面：左侧一组三人；中间一人抚琴；右侧一组三人，中间一人踏鼓而击，另两人舞蹈。

河南南阳石刻的造型有投壶图像，还有男女带侏儒舞，有剑舞，有象人、角抵，还有乐舞交作的图案。

连云港孔望山的摩崖造像中有许多汉代乐舞杂技的画面，其中一组杂技表演——叠罗汉，十人共叠五层。第一层站立三人，第二层站两人，第三层立三人，第四、五层均为一人。表演者作劈叉、曲肘、倾俯等惊险动作，形象生动逼真。

图33　叠罗汉

图34　东汉楼阁舞乐画像石

图35　汉代丸剑宴舞画像砖

图36　汉代乐舞百戏砖拓

图37　击建鼓对舞 河南南阳地区汉墓画像石刻

以上五组石刻，不仅形象地反映出汉代宴乐形式的丰富多彩，而且说明汉代宴乐外延的扩大，已由“艺”延伸至“技”，杂技、舞剑、象人、角抵等均已进入宴乐范围。

“角抵”，亦称觳抵，即现今之摔跤。起源于我国秦汉，是一种人们喜闻乐见的技艺表演。汉时亦泛称各种乐舞杂技为“角抵戏”。《汉书·武帝纪》载：元封“三月春，作角抵戏。”由于角抵有助兴取乐的作用，自汉时成为宫廷一种宴乐形式后，历代相沿，经久不衰。南宋吴自牧《梦粱录》卷二十“角抵”条有诗云：“虎贲三百总威狞，急飐旗催叠鼓声。疑是啸风霆雨处，怒龙彪虎角亏盈。”足见当时宫廷宴乐中角抵的盛况。

“象人”是汉代宫廷中的专职艺人，专门在朝贺御筵场合演出以逗人开颜。《汉书·礼乐志》：“常从倡三十人，常从象人四人。”颜师古注引孟康曰：“象人，若今戏虾鱼师子者也。”另有一说，象人是戴假面具的优人。象人在宫廷盛筵上插科打诨，引人发笑，给与筵者带来不少乐趣，因而被纳入宴乐范围。

杂技也是汉代宴乐常见的一个非常活跃的项目。内容有顶竿、走索、杼橦、飞剑、吞刀、吐火、要轮盘、要坛子、舞棍棒、马术、斗兽、口技等。尽管多为小杂要，却以短小精悍、活泼有趣为人们所普遍接受。

图38　耍轮盘

图39　履索 山东沂南汉墓画像石刻

图40　顶杆

图41 角抵 河南密县东汉墓壁画

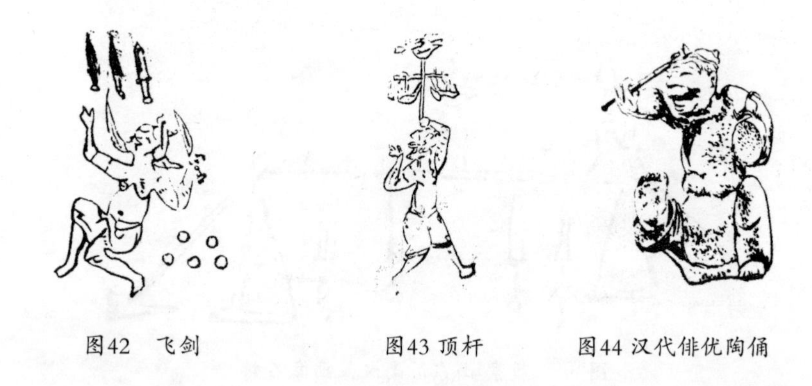

图42 飞剑

图43 顶杆

图44 汉代俳优陶俑

济南市郊无影山出土的西汉乐舞杂技陶俑群，生动再现了二千多年前我国古代乐舞杂技表演艺术的实况。

乐舞杂技陶俑烧造在一个长方形的陶制盘中，共二十一人，其中有七人登台表演，姿态逼真；另两人为女子，长袖花衣，相向起舞，婆娑多姿；两人倒立，两手着地，上身挺直，下肢前屈，头部前伸，作“拿大顶”状，造型矫健稳定而有力；一人腾空而起正在翻筋斗；另一人作高难度的柔术表演，双足由身后上屈放于头侧。表演者左前方立一人，穿朱色长衣，可以转动，似为指挥。乐队共七人伴奏，乐器有钟、瑟、笙、小鼓、建鼓等。有两女子长跪吹笙，其余五位都是男性。陶盘的左右两端有七人，一侧三人戴冕形冠，另侧四人头戴环形帽，长衣曳地，拱手而立，全神贯注，陶醉情景之中。

“参差横凤翼，搜索动人心”。成组乐舞杂技陶俑多层面、大角度、全景象的生动呈现，伎艺同台，上下同乐，歌舞升平，皆大欢喜。再现西汉贵族生活娱乐宴饮的情景。

图45 西汉乐舞杂技陶俑群
济南市郊无影山出土

唐代也是宴乐发展迅速的时期。唐代经济繁荣，文化发达，与外域交往频繁，为宴乐的发展提供了有利的土壤。唐代宴乐不仅继承、发展了前代宴乐的形式和技艺，而且吸取、引进了许多异域艺术的精华。无论技艺乐器，还是音乐歌舞，都不同程度地渗入了“洋”味。如唐代长安宫廷中最著名的大型乐舞《秦王破阵》，就是中外结合、洋为中用的典范。《旧唐书·音乐志》：“自破阵舞以下，皆擂大鼓，杂以龟兹之乐，声振百里，动荡山谷。”即指《秦王破阵》乐舞引进了龟兹（古西域国名，在今新疆库车一带）等地的西域音乐，与传统的中原舞乐相结合，创造出更有特色的舞乐艺术，推动了宴乐的发展。

唐代歌舞“杂有四方之乐”，对唐代宴乐的发展影响极大。明代胡震亨《唐音癸籖》卷十四中列举了各种唐曲种类，如琴曲、羯鼓曲、琵琶曲、筝曲、笛曲、觱篥曲、舞曲等，不少都是外来的乐曲。据唐杜佑《通典》卷一四六载，唐代把吸收域外乐舞而成的九部乐、十部伎、坐部伎、立部伎等，明确规定为“宴乐”。历史上素来称唐代乐舞为音乐史上的“高峰”“绝顶”，如被誉为唐代宫廷乐舞之最的《霓裳羽衣曲》，无论舞姿、着装、音乐，都融进了域外文化的精华。

宴乐在宋代亦有一定程度的发展。据《东京梦华录》卷九记载北宋皇帝的寿筵，场面隆重而热烈，宴乐形式多变而有序，酒敬九巡，佳肴多达三十余道，宴乐种类有十多种。依祝寿仪式的程序、敬酒的遍数、上菜的道数，每饮一酒、每上一菜，都有不同的宴乐相配。乐、酒、食彼此相侑，把与筵者的情绪调至兴奋、极乐的最佳状态。

图46　女乐妓、侍女　唐李爽墓壁画

图47 散乐图（局部） 宣化辽张世卿墓前室壁画

宋皇寿筵中采用的宴乐形式多达十余种，除奏乐贯穿始终，还有唱歌、献舞、杂技百戏、杂剧、儿童舞、群舞、琵琶独奏、蹋球、摔跤等。其中提及的杂剧，是宋代出现的宴乐新形式，指各种滑稽表演、歌舞、杂技的统称，与元代的戏曲样式杂剧并不是一回事。其中，哑剧尤其为人所喜爱，在与筵者酒醉饭饱之时，发噱的表演令人忍俊不禁，调节气氛，解酒消食。《东京梦华录》卷七“驾登宝津楼诸军呈百戏”云：“继有二三瘦瘠，以粉涂身，金睛白面，如髑髅状，系锦绣围肚看带，手执软仗，各作魁谐趋跄，举止若排戏，谓之‘哑杂剧’”。

图48　宋太祖蹴鞠图　元钱选绘（摹本）

图49　罗圈戏法　明代《惠宗元宵行乐图卷》

明代宫廷一日三餐，餐餐都用宴乐。洪武元年制定的《圜丘乐章》和嘉靖年间续定的《天成宴乐章》，不仅规定了进俎、彻馔、迎膳、进膳、进汤的乐曲，并且还制定了歌功颂德、粉饰太平的歌词。如《迎膳曲·水龙吟》："春满雕盘献玉桃，葭管动，日轮高。熏微霁色，遥映衮龙袍。千官舞蹈，钧韶迭奏，曲度升平调。”《进汤曲》有三。其一《太清歌》：“长至日，开黄道。喜乾坤佳气，阳长阴消。奏钧韶，音调凤轸，律协鸾箫。仰龙颜，天日表，如舜如尧。金炉烟暖御香飘，玉墀晴霁祥光绕。宫梅苑柳迎春好，燕乐蓬莱岛。”其二《上清歌》：“云捧宸居，五星光映三台丽。仰日月，层霄霁，中兴重见唐虞际。太和元气自阳回，兆姓欢愉。”其三《开天门》：“九重霄，日转皇州晓。宴天家，共歌《鱼藻》。龙鳞雉尾高，祝圣寿，庆清朝。”封建社会的宫廷宴乐，赏乐观舞已成为一种时尚。乐声赋予宴享活动的也有健康、积极的一面。如《明史·礼志》中的《芳醴之曲》将饮食劝诫融入宴乐之中：

> 夏王厌芳醴，商汤远色声，
> 圣人示深戒，千春垂令名。
> 惟皇登九五，玉食保尊荣，
> 日昃不遑餐，布德延群生。
> 天庖具丰膳，鼎鼐事调烹，
> 岂但资肥甘，亦足养遐龄，
> 达人悟兹理，恒令五气平，
> 随时知有节，昭哉天道行。

清代统治者宫廷筵席更加铺张，宴乐的开支也越来越大。慈禧太后六旬庆寿期间，仅演乐、唱戏两项就支银五十二万两。乐部恭进中和韶乐、丹陛大乐、满蒙乐曲、庆隆舞乐章、喜起舞等，制办大量乐器，新添蟒袍、豹皮褂、虎皮裙、羊皮套、獭皮帽等各类演出服装二千三百六十四件，耗银四万零六百七十一两。宴乐至此，已成为统治者靡费炫耀的手段，其原有的积极作用已所剩无几。

四、民间宴席娱乐

古代宴席除了“以乐侑食”外，还有很多助兴取乐的形式。民间由于受物质经济条件所限，无法仿效宫廷宴乐形式。因而，民间宴乐只能采用一些简单的方式，借以达到侑酒劝食、助兴取乐的目的。如周处《风土记》中记载的“鼓盘”：“越俗，饮宴即鼓盘以为乐，取大素圆盘广尺六者，抱以着腹，以左手五指更弹之，以为节，舞者应节而舞”，此乃属舞乐弹奏。民间宴乐五花八门，各种竞技娱乐活动都可为之。《宾之初筵》中早就有以射箭助兴为乐的玩法，实属筵席上竞技的先河。除丝弦唱曲等以外，常见的还有投壶、划拳、行令猜枚、掷骰、赌棋等席间游戏活动。

1.投壶

投壶是古代筵席上一种劝酒、派酒的游戏。设有特别的壶和矢。宾主依次向壶中投矢，投中者为胜，不中者为负，负者罚酒。

投壶之戏，源于古时“玉女投壶”的故事。据东方朔《神异经·东荒经》：“东荒山中有大石室，东王公居焉……恒与一玉女投壶，每投千二百矫。设有入不出者，天为之嘘。矫出而脱误不接者，天为之笑。”又据《神仙传》：“玉女投壶，天为之笑。”据后人解释，闪电是谓“天笑”，则天的“嘘”（叹息）便是雷鸣了。

由于投壶有此出典，雅俗共赏，儒家便将这种宴乐方式纳入礼乐之中，并规定出相应的礼仪程序。《礼记·投壶》云：

投壶之礼，主人奉矢，司射奉中，使人执壶。主人请曰：“某有枉矢哨壶，请以乐宾。”宾曰：“子有旨酒嘉肴，某既赐矣，又重以乐，敢辞？”主人曰：“枉矢哨壶，不足辞也，敢以请。”宾曰：“某既赐矣，又重以乐，敢固辞。”主人曰：“枉矢哨壶，不足辞也，敢固以请。”宾曰：“某固辞不得命，敢不敬从。”

宾客须一再谦让，然后才能执矢投壶。

投壶是从射箭转化而来的。投壶用的壶是一只小口的瓶子，在筵席上宾客依次取箭在同样的距离向壶中投掷，投中者则胜，不中则败，以罚不中者饮酒。相传古代投壶的箭长五寸，以牙饰之，剪镞刻鹤形，每人发六支，故称为“六鹤齐飞”。也有人认为投骰子用六颗，骰子设六面，均是投壶的意遗。

“发彼有的，以祈尔爵。”由于投壶这种宴乐方式为各阶层人士所普遍喜爱，因而秦汉以降，持续久远。至清代，筵席上仍有人以此为乐，清钱泳《履园丛话》卷十二“投壶”云：

“能十投九中自心旷神怡，则贤于博弈、饮酒远矣。”

图50　汉代《投壶酌酒》

古往今来，无论文人武士，都以掌握礼、乐、射、书、御、数六艺为尚。故许多著名诗人写下过有关投壶的诗句。如李白《梁甫吟》：“我欲攀龙见明主，雷公砰訇震天鼓。帝旁投壶多玉女，三时大笑开电光，倏烁晦暝起风雨。”杜甫《能画》：“能画毛延寿，投壶郭舍人。每蒙天一笑，复似物皆春。”元稹《春分投简阳明洞天作》：“投壶怜玉女，噀饭笑麻姑。”足见投壶在古时的风靡状况。

2.酒令

酒令是筵席上的一种游戏，也是民间宴乐的一大方式。按宋人赵与时《宾退录》所言，酒令始于古代投壶之礼：“余谓酒令盖始于投壶之礼，虽其制皆不同，胜饮不胜者一。”酒令，又称行令，行酒作令之意。酒令有雅令、俗令之分，通令、筹令之别。酒令一般都设令官，或备令筹，或限令辞。方法不一，各有所乐。总之，佐酒助兴，活跃筵席气氛，是宴乐多采用的方式。酒令的功用，清人周长森归纳为“四宜”：

和亲康乐，少长咸集，标新领异，吉语缤纷，于岁时之宴宜；觥筹交错，左右秩秩，欢伯联情，口无择言，于宾僚之会宜；高峰流泉，探幽选胜，啸侣翕集，钩心出奇，于山水之游宜；良宵雨霁，奇葩吐芬，同调写宣，谐虐闲作，于花月之赏宜。

筵席上，令官或自荐或众举，皆须先喝令酒，才能上任。“酒令大于军令”，令官有责有权，发号施令，胜似“司令”。《红楼梦》四十回写鸳鸯作令官的架势，她喝完令酒，立即宣布：“酒令大于军令，不论尊卑，唯我是主，违了我的话，是要受罚的。”毫无做丫环之奴颜，大有权势在握、执法如山的将军声威。

酒令大于军令，筵席上真有动“真格”的记载。西汉初期，吕氏家族掌握权力，气焰不可一世。刘邦的孙子朱虚侯刘章年方二十，颇有勇气，对刘姓皇族受到压制十分气愤。一次，吕雉设筵，令刘章充当酒令官，刘章说：“我是将门之后，如有人违抗酒令，当以军法制裁。”吕雉同意了。大家酒兴方酣，刘章唱起《耕田歌》：“耕土要深，栽苗要稀，不是同种，锄掉丢弃。”吕雉听了大为不悦。吕姓有一人喝醉了不能再饮，欲退席而去，刘章见状赶上，举剑一挥砍下人头，回报说：“有人逃席，已按军法斩处。”吕雉虽恼恨，但也无可奈何。

白居易诗：“花时同醉破春愁，醉折花枝作酒筹。”筹令分劝酒、罚酒、自饮、放过四种。行酒之始，令官（或首座）

先饮令酒一杯，遂从玉烛中掣取筹令一枚，当众宣读辞令，依令辞或劝或罚或自饮，被劝罚者饮后即取得掣筹资格，依序而进，有劝有罚，四座轮转，往还不已。筹令可防止令官在酒筵上胡作非为，肆意打击报复。

筹令的令筹上刻有令辞，令辞大都言简意赅。如花名筹、《西厢》《水浒》人名等、唐诗筹、“四书”“五经”筹等等。筹上如有画或诗文，依筹上的画意或文字决定饮酒杯数。《红楼梦》第六十回《寿怡红群芳开夜宴》里大观园姐妹用的就是花名筹。人名筹如：“武松，力大者饮，行二者饮”“张生，同姓者饮，有艳福者饮”；唐诗筹刻有唐诗一句，如“玉颜不及寒鸦色，面黑者饮”；“四书”筹如“有朋自远方来，远来者饮”“德不孤必有邻，左右邻人各饮一杯”。在江苏丹徒发现的银质酒瓮中令筹上的令辞，录的是《论语》中言论，称“论语玉烛”。如：“食不厌精，劝主人五分”；“驷不及舌，多语处五分”；“匹夫不可夺志也，自饮十分”；“己所不欲，勿施于人，放”；“敏而好学，不耻下问，律事五分”；“刑罚不中则民无所措手足，觥录事五分”。其中的“律事”“觥录事”，是酒令中令官而外的重要职务。律事，亦称酒纠、瓯宰，行监酒之责，以防人躲酒、赖酒、饮假酒、装醉酒等“不法”事端发生。为使律事能顺利行使监酒之责，又有觥录事挥动令旗，对酒筵上妨碍律事监酒的“行为不轨者”给予处置，情节“严重”者甚至要被驱逐出席。

酒令，是古代宴饮活动中劝酒行为的文明之举。酒融入文化，文化渗透酒中，斗智斗勇，其乐融融，酒令成为宴席之上重要的宴乐形式，把中国酒文化的韵味雅趣深植于人们日常的饮食活动中。宴中行雅令，它高雅博广的内容，妙趣横生的言辞，备受古人青睐，历代文人雅士乐此不疲，留下许多风流韵事和酒令典故。

《西湖佳话》中载，苏轼、秦观、黄庭坚、佛印和尚四人在西湖舟中会饮，苏轼出一道酒令：要一种花落地无声，接一个与这种花相关联的古人，此古人又须引出另一个古人，前古人问后古人一件事，后古人要用两句唐诗作答。

苏轼先令道："雪花落地无声，抬头见白起（雪是白色），白起问廉颇（白起、廉颇同为战国时的武将）：'为何不养鹅（鹅又是白色）？'廉颇曰：'白毛浮绿水，红掌拨清波。'"

秦观接令道："笔花落地无声，抬头是管仲（管城子是笔的别称）。管仲问鲍叔（管仲、鲍叔同是春秋时齐桓公的大夫）：'如何不种竹（竹是制毛笔笔管的）？'鲍叔曰：'只须三两杆，清风自然足。'"

黄庭坚应令道："蛀花落地无声，抬头见孔子（蠹蛀的地方必有孔洞）。孔子问颜回（师徒两人）：'因何不种梅（梅花有色，和"颜"相接）？'颜回曰：'前村深雪里，昨夜一枝开。'"

佛印禅师用佛家语接令："天花落地无声，抬头见宝光（天竺佛名），宝光问维摩（知名居士）：'斋事近何如（居士常设斋施僧）？'维摩曰：'遇客头如鳖，逢僧项似鹅。'"

此酒令称为"东坡佳令"，令人呼绝称佳，不管是否东坡所作，总之是古今辞令中的一例妙品。此种复合令，包括物事名花、古代名人、唐诗绝句，因事因物起意，组成一个完整的意象情节，雅韵天成。

雅令的行令方法：先推举一人为行令官。令官通常由三种人担任，一是主人，一是席中德高望众者，另是有饮才者，即知书达理、善解人意、酒量超众者。由行令官出令题，或出词赋诗句，或出典故格言，与令人按首令之式之意逐一续令。所续令辞必与首令内容形式一致，否则罚酒。行雅令必须引经据典，分韵联吟，当席构思，即席应对。这势必要求应令者既有文彩才华，且敏捷机智，随机应变。雅令是酒令中饮者智慧才思的高雅宴乐方式。如雅令中的折字令，《云麓漫钞》中记五代时陶穀奉使到吴越国，吴越王钱镠设宴于碧波亭，钱镠就以“碧”字出酒令道：“白玉石，碧波亭上迎仙客。”陶穀应道：“口耳王，圣（聖）明天子坐钱塘。”

《笑林广记》中有一笑话拆字令：有一人长吃白食，人见人怕，绰号“圣贤愁”。一天，吕洞宾与铁拐李两神仙化作凡人，携酒邀圣贤愁同饮。吕洞宾以吃白食人的绰号为题，出拆字酒令，先以“圣”字道：“耳口王，耳口王，壶中有酒我先尝，有酒无肴怎么办？割下耳朵作羹汤。”随手抽剑将自己耳朵割下。铁拐李依次行“贤（賢）”字应道：“臣又见，臣又见，壶中有酒斟一杯，有酒无肴怎么办？割下鼻子锅中烩。”当下割下鼻子。轮到圣贤愁时，当行“愁”字，应令道：“禾火心，禾火心，壶中有酒合我心，有酒无菜怎么办？拔根汗毛表寸心。”于是随手拔了一根汗毛。两位神仙道：“我俩出酒不算，还舍耳和鼻，你竟只拔一根汗毛！”圣贤愁道：“往常我一毛不拔，今遇二仙才拔此一毛，算是大方了。”

《世说新语》中有“危语”令，接令人皆应道出一件惊险事。

桓玄出令道：“矛头淅米剑头炊。”殷仲堪应令道：“百岁老翁攀枯藤。”顾恺之接道：“井上辘轳卧婴儿。”殷仲堪部下一个参军在座便随口应令：“盲人骑瞎马，夜半临深池。”殷仲堪听了大为不快：“你真是咄咄逼人。”因为殷有一眼瞎，多心“盲人”暗指他，才如此说。

拆字令自唐代盛行，历代相传，清末民初仍有才子佳人以此为乐。清末民初东海四大才子之一的朱路与海州的沈云沛、麦坡的杨如翌、沭阳举人李永根四人在海州一酒楼聚会。席间有人提议，先行酒令后饮酒。酒令是先说一个字的偏旁，再举出这偏旁的两个字，然后还需再说出一个字，并拆开此字，且要同前两个字的关联为题。

沈云沛先吟：“云雨头，霜共雪；朋字本是两个月，也不知哪个月下霜，哪个月下雪？”众人齐赞：“好，得酒！”

朱路不假思索，出口便吟：“大金旁，锡共铅；出字本是两座山，也不知哪个山出锡，哪个山出铅？”众人亦称：“高，得酒！”

轮到李永根。只见他一手指着上首的朱路，一手指着下首的杨如翌，吟道：“站人旁，你共他；爻字本是两把叉，也不知哪个叉叉你，哪个叉叉他？”众口连呼：“得酒，得酒！”

坐在李永根下首的杨如翌随口而出：“犬猷旁，猪共狗；回字本是两个口，也不知哪个口吃猪，哪个口吃狗？”李永根原是个回民，听此言心中不快，脸有怒色，正要发作，朱路眼尖口快说：“我再吟一首作结：口字旁，吟和喝；四口多田聚一桌，来，来，来，四口同吟，四口同喝。得酒，得酒”！四人四口同呼“乐，乐，乐”！

筹令，是指用事先做好的筹签，刻写上令辞和酒约，摇动装有筹签的筹筒，得其中一签。中签者依签上内容和约定酒数，如数饮酒。江苏丹阳丁卯桥曾发现一套唐代银质令筹，其中令筹五十枚，令旗一面，令纛杆一件，筹筒一件，筹筒为龟形座，十分精致。古代令签的内容多以名贤故事、诗词名句为主，高雅趣浓，文人雅士多采用此法饮酒。

名贤故事令（三十二筹）

赵宣子假寐待旦	闭目者饮一杯
庄周生诙谐诞妄	说笑话一则
淳于髡赤首缨冠	秃头者饮一杯
关尹喜望见紫云	吸烟者饮一杯
廉将军一饭三遗	告便者饮一杯
平原君珠履三千	穿美鞋者饮一杯
张子房借著筹国	正举筷者饮一杯
朱翁子担上书声	讲文学者饮一杯
邓仲华仗策从军	出席者饮一杯
黄初平叱石成羊	属羊者饮一杯
马伏波披甲上马	年高者饮一杯
孔北海尊酒不空	酒未干者饮一杯
吕奉先辕门射戟	争论者饮一杯
曹孟德割须弃袍	无须脱衣者饮一杯
曹子建七步成诗	善诗者饮一杯
孟参军龙山落帽	升官者饮一杯
王羲之坦腹东床	未婚者饮一杯
王司徒举扇蔽尘	持扇者饮一杯

毕吏部醉倒瓮边	近壶者饮一杯
江文通梦笔生花	教师饮一杯
潘安仁乘车掷果	食水果者饮一杯
祖士雅闻鸡起舞	手舞者饮一杯
陶渊明白衣送酒	白衣者饮一杯
薛仁贵箭定天山	习武者饮一杯
李青莲脱靴殿上	穿靴者饮一杯
宋学士扫雪烹茶	吃茶者饮一杯
曹武惠周岁取印	生子者饮一杯
周茂叔夏月观莲	爱花者饮一杯
王钦若闭户修斋	吃素者饮一杯
欧阳公坐见朱衣	穿颜色服者饮一杯
苏长公正襟危坐	端坐者饮一杯
陈季常怕闻狮吼	惧内者饮一杯

唐诗酒筹（八十筹，选录四十筹）

玉颜不及寒鸦色	面黑者饮
人面不知何处去	须多者饮
焉能辨我是雄雌	无须者饮
独看松上雪纷纷	须白者饮
相逢应觉声音近	短视者饮
愿为明镜分娇面	戴眼镜者饮
此时相望不相闻	耳聋者饮
可能无碍是团圆	大腹者饮
鸳鸯可羡头俱白	年高者对饮

仙人掌上雨初晴	净手者饮
马思边草拳毛动	拂须者饮
人面桃花相映红	面红者饮
尚留一半给人看	戴眼镜者饮
粗沙大石相磨治	麻面者饮
无因得见玉纤纤	袖不卷者饮
莫窃香来带累人	洒香水者与左右邻饮
与君便是鸳鸯侣	并坐者饮
养在深闺人未识	初会者饮
谁得其皮与其骨	吃菜者饮
仿佛还是露指尖	随意猜拳
情多最恨花无语	不言者饮
不许流莺声乱啼	问者即饮
无心之物尚如此	掏耳剔牙者饮
千呼万唤始出来	后至者三杯
年来老干都成荫	有小儿者饮
世间怪事哪有此	不惧内者饮
世上而今半是君	惧内者饮
莫道人间总不知	惧内不认者饮
若问傍人哪得知	妻贤者饮
未知肝胆向谁是	有妾者饮
令人悔作衣冠客	端坐者饮
西楼望月几时圆	新婚者饮
座间恐有断肠人	貌美者饮
枝头树底觅残红	新婚者饮

颠狂柳絮随风舞	起坐不常者饮
何人种向情田里	生子者饮
二水中分白鹭洲	茶酒并列者饮
平头奴子摇大扇	摇扇者饮
乱杀平人不怕天	医生饮
无人不道看花面	妻美者饮

唐诗牙牌筹令（三十二筹）

坐列金钗十二行	天牌	女友多者三杯
十二街中春色遍	天牌	普席各一杯
双悬日月照乾坤	地牌	戴眼镜者一杯
金杯有喜轻轻点	地牌	新婚者三杯
并蒂芙蓉本自双	人牌	孪生姊妹一杯
东风小饮人皆醉	人牌	各饮门杯
月临秋水雁横空	和牌	惧内一杯，不认三杯
曾经庾亮三秋月	和牌	后至者三杯
三山半落青天外	三六	出席者三杯
九重春色醉仙桃	四五	值生日三杯
五云深处是三台	三五	好道者一杯
天上双星夜夜悬	二六	同仕各一杯
北斗七星三四点	三四	左三右四各一杯
两人对酌山花开	二五	大笑者一杯
一片朝霞迎晓日	幺四	艳服者一杯
南枝才放两三花	二三	年少者一杯
须向桃源问主人	二四	主人一大杯

举杯邀月为三友	幺二	好友各三杯
江城五月落梅花	长五	久为客者一杯
十月先开岭上梅	长五	年长者一杯
三月正当三十日	长三	老健者一杯
双双瓦雀行书案	长三	善文者一杯
寒梅四月始知春	长二	默坐者一杯
二月二日江上行	长二	远来者一杯
六街灯火伴梅花	五六	未婚者各一杯
五色云中驾六龙	五六	新贵一杯
花园四座锦屏开	四六	执扇者一杯
天上人间一片云	四六	吸烟者一杯
此日六军同住马	幺六	善武者一杯
锦江春色来天地	幺六	量大者三杯
梅花枝上月初明	幺五	初会者一杯
偏使有花兼有月	幺五	自饮一杯

棋子酒令（十四筹）

帅	中原将帅忆廉颇	年老者饮
将	闻道名城得真将	穿制服者饮
仕	仕女班头名属君	座中女人饮
士	定似香山老居士	教师饮
相	儿童相见不相识	生客饮
象	诗家气象归雄浑	能诗者饮
车	停车坐爱枫林晚	面红者饮
车	虢国金车十里香	洒香水者饮

马 洗眼上林看跃马 戴眼镜者饮
马 马踏云中落叶声 唱歌者饮
炮 炮车云起风欲作 起座者饮
炮 小池鸥鹭戏荷包 带皮包者饮
兵 静洗甲兵常不用 脱衣者饮
卒 残卒自随新将去 带小孩者饮

3.划拳猜枚

划拳也是古代民间宴乐的重要形式。划拳又称猜拳、豁拳，相传始于唐代。《胜饮篇》云：“唐皇甫嵩手势酒令，五指与手掌指节有名，通吁五指为五峰。则知豁拳之戏为来已久。”由于这种宴乐方式适用面广，简便易行，娱乐性强，因而历代风行不衰，至今仍为民间百姓所喜爱。“哥俩好啊”“五魁首啊”“七个巧啊”，划拳的吆喝声，在平民化的酒楼菜馆中时常可闻。与划拳相似，还有一种猜枚，也叫猜枚行令，在手掌中握若干小东西让对方猜单双或数目，猜对者为胜，猜错者为败，一般败者饮酒。这种方式在民间酒筵上也很流行。

猜枚俗称猜单双，常见于儿童游戏，亦有用于赌输赢。酒宴时多用此法赌胜负罚饮酒。方法简单易行，随手取席之果品如莲子、松仁、瓜子等，或以棋子，握在两掌中，不许有一空拳，忽击一拳，呼对方猜单猜双，棋子并猜其黑白。猜中则出拳者饮酒，不中则猜者饮酒。出手频频，饮酒杯杯。唐诗有：“城头击鼓传花枝，席上搏拳握松子。”可知猜枚这一简单易得的方式在唐时已经流行。诗中上句“传花”，就是游戏中击鼓传花，鼓起接应传花，鼓止花落于谁手谁为输，饮酒数杯。

在唐代猜枚不一定用拳握物，也有将果品、棋子、骰子之类小件物品覆盖于器具中，叫人猜枚又称射复。周易猜枚是握在拳的，所以猜枚又称猜拳。而今通行都把两手所出手指的合数的豁拳称作猜拳，已失去古时猜拳的原意。

划拳猜枚在古代文艺作品中有大量描写。如《金瓶梅》第一回："众人猜枚行令，要笑哄堂。"《说岳全传》第六十四回："欧阳从善与这些牢头禁子猜拳行令，直吃到更深。"《西游记》第十回："差人道：'今日且吃酒，明日再说。'当夜猜三划五，吃了半夜。"

4.掷骰

掷骰据传是由投壶化出。两种方式都是六枚，都是用于投掷，其理相同。骰子始于何时不定，但投壶之举早在唐时衰歇，而掷骰随之盛行了。最初投骰实是筵席间行令的酒具，后来逐渐由赌酒发展为赌钱，成了赌博的赌具。投骰时往往"呼幺喝六"，即"赌大赌小"。若投者赌"小"，便连声高呼"幺"！若投者赌"大"，投出骰子后狂叫"六"。白居易诗中的"醉翻衫袖抛小令，笑掷骰盘呼大采"中卷袖抛拳、惊呼狂叫的场景跃然眼前。王定保《唐摭言》中记述杜牧、张祜掷骰饮酒窥五指的故事：张祜赴宴，时杜牧为支使。见临座有一绝色歌妓，于是索骰子赌酒。杜牧遂吟诗："骰子逡巡裹手拈，无因得见玉纤纤。"张祜灵机一动随口应曰："但须报道金钗落，仿佛还应露指尖。"小小艳福事，风流传古今。由此可见，唐代掷骰子赌酒风气之盛，之广，已经成为常见的宴乐形式。

5.赌棋

赌棋饮酒亦是古时筵席之雅致的宴乐形式，史书记载较多。三国西晋时尤盛行。如《三国志》中说诸葛融春夏宴客时，“或多博弈，……甘果徐进，清酒继行。”酒助棋顺，弈博宾主，举棋难定，一饮即发。《晋书·周浚传》有记载周馥、裴遐下围棋佐酒的事，亦多乐趣。更有甚者，阮籍与人赌棋饮酒，来人忽报其母病危临终，仍操棋子无动于衷，直至分出胜负，才“饮酒二斗，举声一号，吐血数升。”竟如此痴迷。

附：安雅堂酒令

孔雀开樽第一：孔融诚好事，其性更宽容。座上客常满，杯中酒不空。——得此不饮，但遍酌侍客，各饮一杯；

曹参歌呼第二：相国不事事，言中饮一卮。邻吏方举觞，歌呼以从之。——得令人如闻座上客说话者，先罚一杯。得令之人然后与下邻各歌一曲，各酌一杯。下邻者，待令之人也。谓说话者虽众，但高声或多言者当之；

郑虔高歌第三：衮衮登台省，独冷官如何？襟期能与共，对酒且高歌。——对与席之人，作儒者高歌慢词。左乐府之类，各饮一杯。如无对席者，只以席面正客便是；

子美骑驴第四：朝扣富儿门，暮随肥马尘。残杯与冷炙，到处潜悲辛。——对坐客或酒主人为富儿，得令者作骑驴状。扣门索酒，富儿与残杯冷炙，既饮食之。作十七字诗一首相谢，不能者作驴叫三声而止；

阮籍兵厨第五：籍闻步兵厨，贮酒三百斛。遂求为校尉，一醉万事足。——得令者任意斟酒痛饮，仍歌选诗。不能者作猖狂状，仍罚之酒；

刘伶颂德第六：兀醉恍然醒，不闻雷霆声。何人侍左右，蜾蠃与螟蛉。——自饮一杯，仍要见枕曲籍糟之态。对席者作雷声，左邻作蜂声，右邻作蠢蠢状；

齐人乞余第七：乞余真可鄙，不足又之他。妻妾相交讪，施施尚欲夸。——得令者领折杯中酒，饮些子，复于坐客处求酒食。继而夸之。席有妓，则作妻妾骂之。无妓，则以处左右邻为妻妾；

张旭草圣第八：三杯草圣传，云烟惊落纸。脱帽濡其首，既醉犹不已。——做写字状，饮一杯后，脱巾再饮一杯。以须发蘸酒，以头作写字状，饮一杯；

桓公卜昼第九：乐饮欲继烛，成礼不以淫。公胡卜其夜，卜昼乃吾心。——日间得此饮一杯，夜则免饮；

苏晋长斋第十：苏子虽旷浪，长斋绣佛前。醉中诚可笑，往往爱逃禅。——以蔬菜饮半杯，不得茹荤。仍说禅话。不能者，作佛事数句。更不能者，罚念阿弥陀佛百声；

次公醒狂十一：众多酌我酒，我醉狂不已。欲狂岂在酒，不饮亦如此。——得此不饮，但作狂态不已。或不能狂，却罚酒；

陈遵起舞十二：陈遵日醉归，废事何可数。寡妇共讴歌，跳梁为起舞。——得令者踊跃起舞，左客作寡妇，讴戏曲。各饮一杯。有妓，则以妓为寡妇。有数妇，则以左客为之；

灌夫骂坐十三：坐客不避席，灌夫乃骂坐。按项罚以酒，夫亦当悔过。——得令者作骂坐语，俄主人起。按其项，罚一杯；

左相万钱十四：万钱方下箸，鲸啄声如雷。避贤初罢相，乐圣且衔杯。——以箸于果肴上遍阅三两通，却不得下箸。乃以口吸引一杯，要听喉中响声，仍衔杯示众人；

玉川所思十五：曾醉美人家，美人娇如花。青楼在何许，珠箔天之涯。——卢仝之闷闷，非酒可破者。进茶一瓯，作长短句、俚鄙之诗一首。不能者亦罚酒；

羲之兰亭十六：少长既咸集，一觞复一咏。虽无丝与竹，亦足娱视听。——众客无大小，各饮一杯，各赋一诗。不能诗者，遂为丝竹管弦之声。能诵吾竹房兰亭者免饮。此日若值上巳，得令者作诗饮酒，各倍于众人；

东坡赤壁十七：客喜吹洞箫，客倦则长啸。觉时戛然鸣，梦里道士笑。——得令者初作鹤鸣，先饮一杯，再作散花步虚之类。左右二客，一吹箫，一长啸，各饮五分；

庾亮南楼十八：秋月照南楼，有愁何以遣。急呼载酒来，老子兴不浅。——登坐物南面立，量饮八分，作十六字月诗，或遇中秋月夜，当作二诗，饮双杯；

醉翁名亭十九：饮少辄至醉，众宾一何欢。智仙作斯亭，禽鸟乐其间。——得令者随意饮些子，坐中有僧，则赏一杯，以其作亭之功也。仍作禽语，众客于是抚掌大笑；

白傅醉鬼二十：醉吟先生墓，尊者无日间。冢上方丈土，泥泞何时干。——对席客斟酒一杯，读祭文劝得令者，得令者作鬼歆飨之状而饮；

便了行酤二十一：便了即髯奴，执役与行酤。鼻涕一尺长，持劝王大夫。——得令者为童子状，以酒劝主人一杯；

知章骑马二十二：知章醉骑马，荡漾若乘船。昏昏如梦中，眼花井底眠。——酌一杯，作醉中骑马之势；

文季五斗二十三：吴兴沈太守，一饮至五斗。宾对王夫人，尔亦能饮否？——自饮一杯，有妓，则以妓为王氏，饮六分。无妓，则以对席客为王氏；

华歆独坐二十四：谁能饮不乱，昔贤亦颇颇。要须整衣冠，遂号华独坐。——整其衣冠，危坐不动。饮不饮随意；

陈暄糟丘二十五：生不离瓢勺，死当号酒徒。速为营糟丘，吾将老矣乎。——饮一杯后作欲死状，群呼酒徒，乃醒；

汝阳流涎二十六：花奴催羯鼓，不饮便朝天。道上逢曲车，津津口流涎。——作击鼓声状，不得饮酒，而口中流涎而已；

永怀莲杯二十七：玉生交下绘，延之私室中。笑遗白玉尊，掬酒生香风。——妓用浸手盏，把得令之人左右邻各一杯，却挥得令者一颊；如无妓，请对坐者作妻，把酒三人各一杯，却不许挥颊；

玄明戒饮二十八：山阴刘县令，旧政必告新。食饭莫饮酒，良策勿告人。——已得令过去者，戒得令之客勿饮，但食少物而已；

阮宣殴背二十九：阮宣强吴衍，忍断杯里物。拳及老癖痴，此竟岂可咈？——主人以拳椎得令人之背，骂而强之，遂各饮一杯，得令者仍作痴态；

赵达箸射三十：善射卜无有，盘箸纵横之。美酒与鹿脯，既有何必辞。——主人以松子作一拳，得签人博之，中其有无，双只，乃饮一杯，仍食少脯，不中则免饮；

江公酒兵三十一：千日可无兵，一曰能无酒？美哉江咨议，此论当不朽。——但饮一杯，别无他作；

几卿对驺三十二：欲醉诣酒垆，褰幔且停车。得酒不独饮，乃与驺卒俱。——诣垆贳酒，与仆各饮一杯。如己无仆，与主人之仆配，与仆攀话，皆不妨；

曼卿鳖饮三十三：请君为鳖饮，引首出复缩。囚则科其头，巢则坐杪木。——此当饮三杯，今恕其二，任意于三者之中比一伛者而饮一杯。或不如法，罚二杯，作饮状。鳖以头伸缩就酒，囚去巾帽，作杻手状，以口就饮酒。巢蹲坐物上，如在木杪；

宗之白眼三十四：潇洒美少年，玉树临风前。举觞而一酌，白眼望青天。——既称美少年，岂能不讴，请歌一小令，南北随意。然后举觞作白眼状；

季鹰旷达三十五：吴中张季鹰，秋风莼菜羹。即时一杯酒，何用身后名。——自唱吴歌，蔬酌半杯。

再思高丽三十六：尽道杨再思，面目似高丽。酒酣乃歌舞，满座皆笑之。……（缺文）

张敞擒盗三十七：盗首补为吏，小偷来贺之。饮醉赭其衣，悉擒无一遗。——得令者为贼首，先赏一杯。坐中红衣者为小贼，不问几人，但凡身上一点红者，皆饮一杯。仍唱山歌，帽缨及面红者，不在此限。或盛暑无衣红者，则验体肤，红赤者皆是；

艾子哕藏三十八：艾子醉后哕，门人置猪藏。本意欲何之，乃譬唐三藏。——得令者作吐而不与饮，但打一好诨，诨不好者罚一杯；

焦遂五斗三十九：焦遂酒中仙，五斗方卓然。高谈与雄辩，不觉惊四筵。——随意酌酒，饮不饮亦听，须谈经史或古今文章之语。须高声朗说，犯寻俗者罚一杯。不识字之人，小说谑诨谚语等亦可；

三闾独醒四十：皆醉我独醒，弹冠复振衣。沧浪自清浊，我歌渔父辞。——作楚音歌渔父词楚辞一章，免饮，或此日遇重午，得此令者则终席不得饮，但食物而已，歌却不免；

陶谷团茶四十一：可怜陶学士，雪水煮团茶。党家风味别，低唱酌流霞。——贫儒无酒可饮，煮茶自啜。命妓歌雪词而已。却用骰子掷数。一人作党太尉，命妓浅斟低唱。无妓自唱，亦雪词；

少连击奸四十二：秀实曾击贼，奸臣我能击。醉中正胆大，爹也劝不得。——得令者以箸指席中败兴之客，败兴者作揖谢罪，不肯揖者，准罚一杯；

梁商薤露四十三：中郎素酣饮，无奈极欢何。酒阑方罢唱，薤露亦能歌。——酒阑歌罢，继以薤露。此可谓哀乐失时，可罚酒一杯；

嵇康弹琴四十四：时时与亲旧，叙阔说平生。但愿斟浊酒，弹琴发清声。——先说旧事或平生心事，然后歌琴调，饮一杯；

赵轨饮水四十五：父老送赵轨，请酌一杯水。岂无酒中意，公清乃如此。——众人劝得令者水一盏；

阮孚解貂四十六：遥集为常侍，换酒解金貂。若欲免弹劾，一杯方见饶。——常待解貂，有司劾之。若欲免罪，须饮一杯。不愿饮酒，当筵中一跪；

白波卷席四十七：古有白波贼，擒之如卷席。因以酒为令，沉湎意乃释。——贼徒饮酒，必无揖让之容。满斟快饮，如卷白波入口。故酒令名卷白波，得令者如此法饮一杯；

穆生醴酒四十八：穆生不嗜酒，楚元为设醴。久之意已怠，斯亦可逃矣。——既不嗜酒，又不设醴，可与免饮；

岳阳三醉四十九：洞庭横一剑，三上岳阳楼。尽见神仙过，西风湘水秋。——神仙饮酒，必有飘逸不凡之态。唱三醉岳阳楼一折，浅酌三杯，不能者，则歌神仙诗三首；

长吉进酒五十：龙笛间鼍鼓，浩歌并细舞。劝君日酩酊，青春忽相暮。——得令者以骰子掷四掷，教四人作乐，得令者敬主人一杯。

【第五章】

筵席事务

筵席事务，指的是因筵席这种饮食聚餐的礼仪活动所涉及的一切相关保障事项。它包括筵席的组织准备、筵席场地的布置、席面席位的排列、餐饮具的选择、菜单的制定、厨艺和菜肴烹制方法的确定、筵席仪式程序的编排等。无论宫廷盛宴还是民间便宴，筵席的等级高低、规模大小，筵席事务都丝毫不能马虎。

一、筵席的组织

筵席事务琐细繁杂，面广量大，因而组织准备工作十分重要。大凡一席筵席，需要“择其柔嘉，选其馨香，洁其酒醴，品其百笾，修其簠簋，奉其牺象，出其樽彝，陈其鼎俎，净其巾幂，敬其祓除，体解节折而共饮食之。于是乎有折俎加豆，酬币宴货，以示容合好。”（《古今图书集成》第二八二卷“宴飨部”第七二五册第六六页）“以示容合好”，也可理解为宾客对筵席综合效果的满意程度。古人待客以礼，往往以“宾至如归”作为衡量标准。筵席的组织准备需要高度重视，精心安排，力求周到、细致、充分。因此，古时有“凡人请客，相约于三日之前”之说。连《红楼梦》中史湘云设酒作东的家庭小宴，也得薛宝钗为之“瞻前顾后”精心准备。这才能取得“又省事，又大家热闹”的效果。

1.宫廷筵席的组织准备

宫廷盛宴，正规隆重，礼仪繁多，场面浩大，历代宫廷都设有庞大的专门机构来承担筵席事务，分工细致，责任明确。

《周礼·天官》列举西周王室的饮食服务人员多达二千二百余人。专门主持天子饮、膳的官员称“膳夫”，下隶上士二人、中士四人、下士八人，又有府二人、史四人、胥十二人、徒一百二十人。这些人在膳夫的领导下负责天子、王后、太子所饮用的酒浆及所食用的珍贵食物。“庖人”负责供应王室膳食需要的肉类，即马、牛、羊、豕、犬、鸡六种家畜，麋、鹿、熊、麇、野猪、兔六种野味，雁、鹑、鷃、雉、鸠、鸽六种禽鸟。“内饔”主管王室膳食的切割、烹煮、煎熬和调和五味。“外饔”负责祭祀、宴飨等庆典时膳食的肉类供应。“烹人”负责替内饔、外饔备办大锅，烹煮鱼肉。此外，掌管捕猎野兽的官有“兽人”，掌管捕鱼的官有“渔人”，掌管捕捉甲壳介类动物的官有“鳖人”，掌管晒制干肉的官有“腊人”，掌管天子膳食调和剂量的官有“食医”，掌管造酒、用酒的官有“酒正”“酒人”，掌管藏冰、用冰的官有“凌人”，掌管“四笾之实”“四豆之实”“五齐七菹凡醓物”的官有“笾人”“醢人”“醯人”，就连用盐都有“盐人”专门负责。总之，王室一切饮食事务从组织货源、加工制作到储藏保管、分配供给都有完整的组织保证。

秦汉时期，供应皇室需要的机构是少府。其所属各官，有关饮食方面的有太官、汤官、导官、胞（庖）人。太官主膳食，汤官主饼饵，导官主择米，庖人主宰割。《后汉书·百官志》载，太官令下有“左丞、甘丞、汤官丞、果丞各一人”。左丞主饮食，甘丞主膳具，汤官丞主酒，果丞主果。汉代，太官是一个庞大的机构，据《汉书·宣帝纪》，在主管长官太官令下，有屠者七十二人，宰二百人。东汉时，太官署每年的经费至二万万。

南北朝时，北齐以光禄寺掌皇室之膳食，统太官、肴藏、清漳（酒）等署，以后各朝皆沿袭此制。唐代，光禄寺置卿、少卿及丞二人，统太官、珍馐、酿酝、掌醢四署。各署均设令一人，丞二人。宋代以后，机构设置大致相同，人员则越来越多。明代嘉靖、隆庆年间，光禄寺厨役达四千人。

至清代，光禄寺成外廷职司，掌管的不仅是祭祀所用的饮食，还承担三大节（元旦、冬至、万寿节）“燕筵”“馔筵”“奠筵”“供筵”“斋筵”等例筵事务。寺下所属太官署、珍馔署、酿酝署、掌醢署等都有明确分工。虽机构很大，因经费有限，常变为冷署，而皇帝的膳饮，包括内廷筵席、宗室筵席等日常宴席事务，由内务府负责。内务府下属的茶房、清茶房、外膳房、内膳房、内饽饽房、外饽饽房、酒醋房、菜库等组织严密，人员众多，分工明确。仅内膳房下就设有荤局、素局、点心局、饭局、挂炉局、司房等部门，配备的庖长（总厨）、副庖长（副总厨）、庖人（厨师）、厨役、苏拉（杂役）等不计其数。清代的宫廷筵席由三个机构共同承办，有主办，有部署，有供置，职责分明，各司其职，从而保证筵席事务的顺利完成。

由于宫廷筵席场面宏大，与筵者众多，秩序难以控制，因而，历朝历代对宫廷筵席的组织准备特别重视，更加严格，通过建章立制加大管理力度。《宋史·礼志十六》记载：

景德二年（1005年）九月，诏曰：朝会陈仪，衣冠就列，将以训上下、彰文物，宜慎等威，用符纪律。况屡颁于条令，宜自顾于典刑。稍历岁时，渐成懈慢。特申明制，以儆具僚。自今宴会，宜令御史台预定位次，各令端肃，不得喧哗。违者，殿上委大夫、中丞，朵殿委知杂御史、侍御史，廊下委左右巡使，察视弹奏；同职殿直以上赴起居、入殿庭行私礼者，委合门弹奏；其军员，令殿前侍卫司各差都校一人提辖，但亏失礼容，即送所属勘断讫奏。……

《明会典》中专列《诸宴通例》：

（筵宴）先期，礼部行各衙门，开与宴官员职名，画位次进呈，仍悬长安门示众。宴之日，纠仪御史四人，二人立于殿东西，二人立于丹墀左右。锦衣卫、鸿胪寺、礼科亦各委官纠举。

凡午门外饮赐筵宴，嘉靖二十五年（1546年）题准光禄寺，将与宴官员各照衙门官品，开写职衔姓名，贴注席上。务于候朝外所整齐班行，俟叩头毕，候大臣就座，方许以次照名就席，不得预先入座及越次失仪。……又题准光禄寺掌贴注与宴职名，鸿胪寺专掌序列贴注班次。每遇筵宴，先期三日，光禄寺行鸿胪寺，查取与宴官班次贴注。若贴注不明，品物不备，责在光禄寺；若班次或混，礼度有乖，责在鸿胪寺。

古代宫廷筵席组织分工严格，组织准备充分，从而规范了筵席的程序仪式，保证了筵席的整体效果。

2.民间筵席的组织

随着经济的发展，社会生活渐趋丰富，人与人之间的交往日益频繁，筵席逐渐成为人们礼尚往来的重要形式。民间筵席虽然没有宫廷盛宴那样正规、隆重，规模、场面也没有那么宏大，但筵席事务同样缺一不可，筵席的组织准备同样十分重要。由于客观条件的限制，民间筵席包括官府筵席不可能像宫廷筵席那样由庞大的专门机构和众多的专业人员来承办，但社会上出现专营筵席事务的服务性行业是势所必然的。

据现有史料记载，至迟在宋代，专营筵席事务的服务性行业即已出现。《东京梦华录》卷四“筵会假赁”云：

凡民间吉凶筵会，椅桌陈设，器皿合盘，酒檐动使之类，自有茶酒司管赁。吃食下酒，自有厨司，以至托盘、下请书、安排座次、尊前执事、歌说劝酒，谓之“白席人”。总谓之“四司人”。欲就园馆亭榭寺院游赏命客之类，举意便办，亦各有地分，承揽排备，自有则例，亦不敢过越取钱。虽百十分，厅馆整肃，主人只出钱而已，不用费力。

如果说，北宋时期专营筵席事务的服务性行业还比较简单，那么，南宋时期这个行业已有很大发展，分工已十分细致。据耐得翁《都城纪胜·四司六局》载：

（南宋都城杭州）官府贵家置四司六局，各有所掌，故筵席排当，凡事整齐，都下街市亦有之。常时人户，每遇礼席，以钱倩之，皆可办也。帐设司，专掌仰尘、缴壁、桌帏、搭席、帘幕、罘罳、屏风、绣额、书画、簇子之类。厨司，专掌打料、批切、烹炮、下食、调和节次。茶酒司，专掌宾客茶汤、暖荡筛酒、请坐咨席、开盏歇坐、揭席迎送、应干节次。台盘司，专掌托盘、打送、赍擎、劝酒、出食、接盏等事。果子局，专掌装簇、盘饤、看果、时果、准备劝酒。蜜煎局，专掌糖蜜花果、咸酸劝酒之属。菜蔬局，专掌瓯饤、菜蔬、糟藏之属。油烛局，专掌灯火照耀、立台剪烛、壁灯烛笼、装香簇炭之类。香药局，专掌药碟、香球、火箱、香饼、听候索唤、诸般奇香及醒酒汤药之类。排办局，专掌挂画、插花、扫洒、打渲、拭抹、供过之类。凡四司六局人祗应惯熟，便省宾主一半力，故常谚曰：烧香点茶，挂画插花，四般闲事，不许戾家。若其失忘支节，皆是祗应等人不学之过。只如结席喝犒，亦合依次第，先厨子，次茶酒，三乐人。

筵席事务被一一分解，由四司（帐设司、厨司、茶酒司、台盘司）六局（果子局、蜜煎局、菜蔬局、油烛局、香药局、排办局）分别承当，分工之细致，令人叹为观止。

明清时期，在商品经济比较发达的一些城市里，专营筵席事务的服务性行业生意鼎盛。不过，随着豪华酒楼菜馆的不断增多，民间不少商务、社交筵席已直接假座于酒楼菜馆，这自然更为便捷省事了。从《帝京岁时纪胜》中记述的京城市肆名店名厨、名肴名点的“皇都品汇”，可见当时京城酒楼饭庄的火爆盛况，说明社会化服务的发展，促使设筵场所范围的扩大。

至若饮食佳品，五味神尽在都门；什物珍奇，三不老带来西域。

京肴北炒，仙禄居百味争夸；苏脍南羹，玉山馆三鲜占美。

清平居中冷淘面，座列冠裳；太和楼上一窝丝，门填车马。

聚兰斋之糖点，糕蒸桂蕊，分自松江；土地庙之香酥，饼泛鹅油，传来浙水。

佳醅美酝，中山居雪煮冬涞；极品芽茶，正源号雨前春岕。

……

孙公园畔，熏豆腐作茶干；陶朱馆中，蒸汤羊为肉面。

孙胡子，扁食包细馅；马思远，糯米滚元宵。玉叶馄饨，名重仁和之肆；银丝豆面，品出抄手之街。

满洲桌面，高明远馆舍前门；内制楂糕，贯集珍床张西直。

蜜饯糖栖桃杏脯，京江和裕行家；香橼佛手橘橙柑，吴下经阳字号。

……

二、筵席环境

筵席作为有主有宾、有特定主题的饮食礼仪形式，对饮食环境的要求自然高于日常一般的饮食空间。与饮食环境有关的筵席事务包括筵席场地的选择、布置和陈设等，以提高与筵者心理上、生理上的满足感，达到设筵的预期效果。

1.室外环境

筵席环境布置是筵席事务的基本环节，从古至今就受到人们的高度重视。如西周王室设有幕人、常次、司几筵等官员，负责祭祀和筵席的环境布置。其后，人们对筵席的环境布置愈发重视。

室外环境是筵席环境的重要部分。晋代“金谷二十四友”宴饮作乐的洛阳金谷园是古人注重筵席室外环境的一个典型例证。晋代诗人潘岳在《金谷集作诗》中写道：

回溪萦曲阻，峻阪路威夷。
绿池泛淡淡，青柳何依依。
滥泉龙鳞澜，激波连珠挥。
前庭树沙棠，后园植乌椑。
灵囿繁石榴，茂林列芳梨。

饮至临华沼，迁坐登隆坻。

玄醴染朱颜，便塑杯行迟。

可见金谷筵的室外环境是何等的优雅。

不仅文人雅集如此，连商业性的酒楼饭庄也十分注重筵集的室外环境。《东京梦华录》卷二“酒楼”介绍北宋京城汴京的酒楼饭庄，凡宴客之地，“必有厅院，廊庑掩映，排列小阁子”，“前有楼子后有台”或“三层相高，五楼相向，各有飞桥栏槛，明暗相通，珠帘绣额，灯烛晃耀”，“入其门，一直主廊约百余步，南北天井，两廊皆小阁子，向晚灯烛荧煌，上下相照”，人们在“吊窗花竹，各垂帘幕”的小阁子里宴饮，自然其乐融融。

而南宋京城临安酒楼饭庄的宴客之地，则另有一种宜人的室外环境。《梦粱录》卷十六“酒肆”云：

中瓦子前武林园，向是三元楼康、沈家在此开沽，店门首彩画欢门，设红绿杈子，绯绿帘幕，贴金红纱栀子灯，装饰厅院廊庑，花木森茂，酒座潇洒。但此店入其门，一直主廊，约一二十步，分南北两廊，皆济楚阁儿，稳便坐席，向晚灯烛荧煌，上下相照。浓妆妓女数十，聚于主廊面上，以待酒客呼唤，望之宛如神仙。

《扬州画舫录》谈到，清代乾隆时扬州酒楼的经营者为了拥有环境幽雅的地点开业，“不惜千金买仕商大宅为之。如涌翠、碧芗泉、槐月楼、双松圃、胜春楼诸肆，楼台亭榭，水石花树，争新斗丽，实他地所无。”看来，我国古代的酒楼老板早就懂得环境对与筵者的影响，并试图通过改善酒楼环境以提高酒楼档次，以便更好地招揽顾客。

优美典雅的饮食环境，反映着人们对饮食审美情趣的追求，展示出人们对物质、精神更高层次的欲望。《桐桥倚棹录》介绍过一家酒楼刻意营造的室外环境及艺术氛围：

接驾桥楼遗址，筑山景园酒楼，疏泉叠石，略具林亭之胜。亭曰“坐花醉月”，堂曰“勺水卷石之堂”。上有飞阁，接翠流丹，额曰“留仙”，联曰“莺花几网屐，虾菜一扁舟”。又柱联曰“竹外山影，花间水香”。左楼三楹，匾曰“一楼向酒人青”。右楼曰“涵翠”“笔峰”“白雪阳春阁”。冰盘牙箸，美酒精肴，客至则先饷以佳荈。此风实在吴市酒楼之先。

显然，在这里设筵待客食“物”已不重要了，享“景”是第一位的，文人雅趣，追求的是意境！

2.室内陈设

室内陈设是筵席环境布置的又一重要环节。筵席场地的室内陈设不仅体现尊卑等级、民族风格，更反映社会的文明程度。随着社会物质生活水平的提高，礼仪礼节的演进，人们设筵待客越来越强调室内的陈设。尽管不同时期人们崇尚的对象有所不同，但是，以名物贵物陈设于厅，以尚色吉色装点于堂，则是古人的共同准则。

古代筵席场地的室内陈设依照堂室的功能、结构，出于礼的需要，多以“贵”物为陈设对象。《礼记·礼器》中列举的“以高为贵”“以文为贵”“以素为贵”，概括了夏商周三代的崇尚原则。如“以文为贵”：

礼有以文为贵者，天子龙兖，诸侯黼，大夫黻，士玄衣纁裳。天子之冕，朱绿藻十有二旒，诸侯九，上大夫七，下大夫五，士三，此以文为贵也。

将崇尚物作为筵席场所的室内陈设，是西周周王室负责筵席事务的官员司几筵的职掌。据《周礼·春官》载，司几筵掌“五几五席”，辨别其用处及陈设位置。设筵时，王者的席位设有绣黑白斧形的屏风。屏前南北铺设莞草编成的席子，白色滚条缝边。上面再铺上边缘绘以云气的五彩蒲席，最上面还要铺设黑白绘边的桃枝竹席。席的左右还要设以玉几。诸侯、上大夫、士的席位也依其地位的高低而作相应的陈设。西汉时，宫廷筵席上多陈帷帐，宾主则坐卧于帐幔之内。皇帝的首席多设于正门对面的厅堂醒目处，背面置大型屏风，绘吉祥图案或象征皇权威严的纹饰，或龙或虎，或红日高照，或松柏常青。

民间筵席场地的室内陈设，唐宋后崇尚张挂名人字画。《梦粱录》卷十六“茶肆”：“汴京熟食店，张挂名画，所以勾引观者，留连食客。今杭城茶肆亦如之，插四时花，挂名人画，装点店面。”张挂名人字画，一则是以书画艺术供客席间欣赏消遣，再则是借名人之“名”沽名钓誉，以营造环境的文化氛围，提高筵席场所的档次。古代名家为酒楼菜馆题词作画，除对店家的推崇、赞赏外，更多的是对美酒佳肴的赞美和对宴饮环境的肯定，因而兼具很强的招徕顾客的功用。《坚瓠集》载:“五代时，有张逸人尝题崔氏酒垆云：‘武陵城里崔家酒，地上应无天上有，云游道士饮一斗，醉卧白云深洞口。’自是酤者愈众。”

当然，陈列珍奇古玩，饰以文绣锦幄，也是古代筵席室内陈设的常见做法，这里就不多说了。

三、筵席餐饮具的选择和使用

根据筵席的性质、规格和与筵者身份选择使用相应的餐饮具，也是筵席事务不可缺少的内容。美食与美器，是红花与绿叶的关系。古人重视筵席餐饮具的选择，甚至有“美食不如美器”之说，反映出古人对筵席餐饮具的重视程度。

1.餐饮具的选择原则

古人选择筵席餐饮具的原则，首先是出于对“礼”的考虑。古代许多餐饮具本身就是重要的礼器，如商、周时期的笾、豆、鼎等，都兼具餐饮具与礼器的双重身份。由于祭祀上重视对礼器的选择，受此影响，筵席上对餐饮具的选择也出于礼的需要，给不同身份的与筵者配以不同规格与数量的餐饮具，如“天子九鼎，诸侯七，大夫五，元士三”（《公羊传·桓公二年》）。

其次，古人选择筵席餐饮具还要考虑其适用性与审美需要。清代美食家袁枚在《随园食单》中说：

宜碗者碗，宜盘者盘，宜大者大，宜小者小，参错其间，方觉生色。若板板于十碗八盘之说，便嫌笨俗。大抵物贵者器宜大，物贱者器宜小，煎炒宜盘，汤羹宜碗，煎炒宜铁锅，煨煮宜砂罐。

这是前人选择筵席餐饮具经验的总结，对后世影响甚大。直至今日，人们宴客选择餐饮具仍大致沿用这套办法。对于餐饮具质地的挑选，古人也有许多讲究。如酒杯，明代袁宏道《觞政》十三“杯杓”云：“古玉及古窑器上，犀玛瑙次，近代上好瓷又次，黄白金叵罗下，螺形锐底数曲者最下。”当然，餐饮具也不是越贵重越好。《随园食单》云：“宣、成、嘉、万窑器太贵，颇愁损伤，不如竟用御窑，已觉雅丽。”

2.古代餐饮具的发展

凡与饮食活动有关的器具都应属于餐饮具的范畴。按其功能分类，古代餐饮具包括炊食具、盛食具、进食具和贮食器。还有与饮相关的储、斟、饮器具。

人类从无餐饮具发展到采用天然餐饮具，进而受天然餐饮具的启发加工制作不同质地的餐饮具，经历了由原始生食阶段到原始熟食阶段漫长的历史时期。东汉桓宽《盐铁论·散不足》云：“古者，污尊抔饮，盖无爵觞樽俎。及其后，庶人器用即竹柳陶匏而已，唯瑚琏觞豆而后雕文彤漆。今富者银口黄耳，金罍玉钟。中者舒玉纻器，金错蜀杯。”这段记载不仅说明了餐饮具产生前“污尊抔饮”的状况，也概述了陶器产生后餐饮具的演变情形。

就餐饮具的质地而言，除陶器、瓷器外，古人还采用过金、银、铜、锡、玉、漆、水晶、玛瑙、玻璃等制成的各种实用餐饮具，扩大了餐饮器的选材范围，丰富了中华灿烂的饮食文化。

陶器餐饮具

陶器的发明，将人类社会带入了新石器时代。制陶是旧石器时代后期至新石器时代的重要发明，陶制品的出现是人类对火与土综合利用的伟大创举，直接导致人类烹饪方式与饮食结构的改变，使人类文明发生一次飞跃。陶器一直是人类最主要的生活器具，而人类第一件陶器是用来做饭的。从最初的土陶，到火温较高的硬陶，再发展成敷釉的釉陶，至商周时期陶器制作已达到相当高的水平。据《周礼·考工记下》载：

> 陶人为甗，实二鬴，厚半寸，唇寸。盆实二鬴，厚半寸，唇寸。甑实二鬴，厚半寸，唇寸，七穿。鬲实五觳，厚半寸，唇寸。庾实二觳，厚半寸，唇寸。……瓬人为簋，实一觳，崇尺，厚半寸，唇寸。豆实三而成觳，崇尺。凡陶瓬之事，髻垦薜暴不入市。器中膊，豆中县，膊崇四尺，方四寸。

引文所列的甗、盆、甑、鬲、庾、簋、豆等都是商周时期重要的餐饮具、炊具和盛器，它们的制作规格、质量要求很高，体积、容量、厚度等都有严格的规定，凡有破裂损伤、粗糙不平的均不得入市。

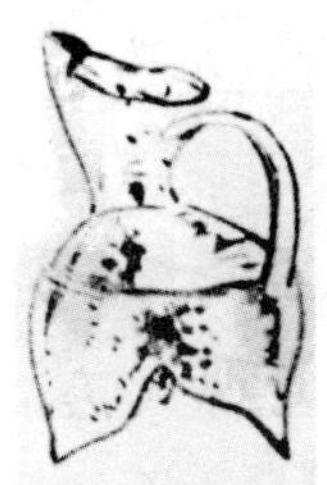
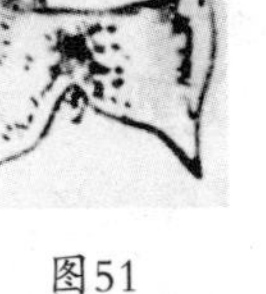

图51
商代陶鬶

图52
西周陶鬲

图53
彩绘陶器

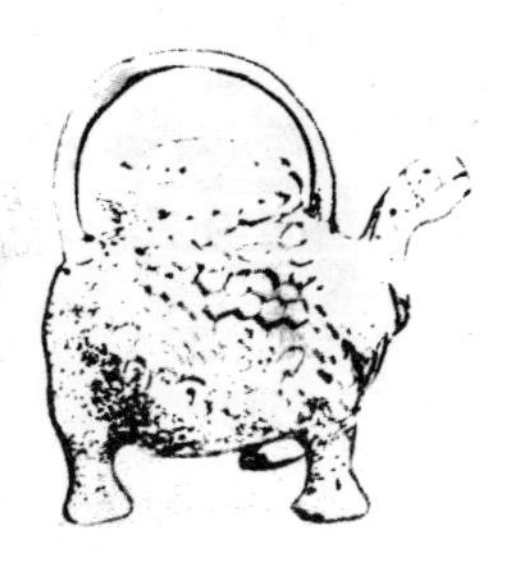

图54
商代陶斝

青铜餐饮具

陶器餐饮具的普及促进了人类饮食文明的发展，但人们在实践中也感觉到它有易碎易爆、笨重不便等缺陷，更满足不了烹饪技艺发展的需要。随着青铜制作技术的兴起，人们便模仿陶器餐饮具的形状制造青铜餐饮具。商周时期，青铜餐饮具的制作十分盛行，品种多样，形状各异，工艺精细，在筵席上配套使用，受到人们的欢迎。如代替陶鼎的铜鼎，庄重坚实，美观大方，经久耐用，能满足人们对其质地和功能的要求。铜鼎的种类、形状很多，有大鼎、小鼎，有三足、四足，有方形、圆形。尊是古代的常用酒具，商周时期的青铜尊以高足、鼓腹、侈口者居多，也有方形、侈口的，较高级的是象形铜尊，如犀牛尊、四羊尊等，形态逼真，纹饰美观。作为烹饪器皿，铜器导热性能强，烹制食品方便；作为餐饮具，铜器美观轻巧，使用寿命长，便于清洗储藏。但它也有美中不足之处。据明代李时珍《本草纲目》卷八介绍，“铜器盛饮食茶酒，经夜有毒。煎汤饮，损人声。”

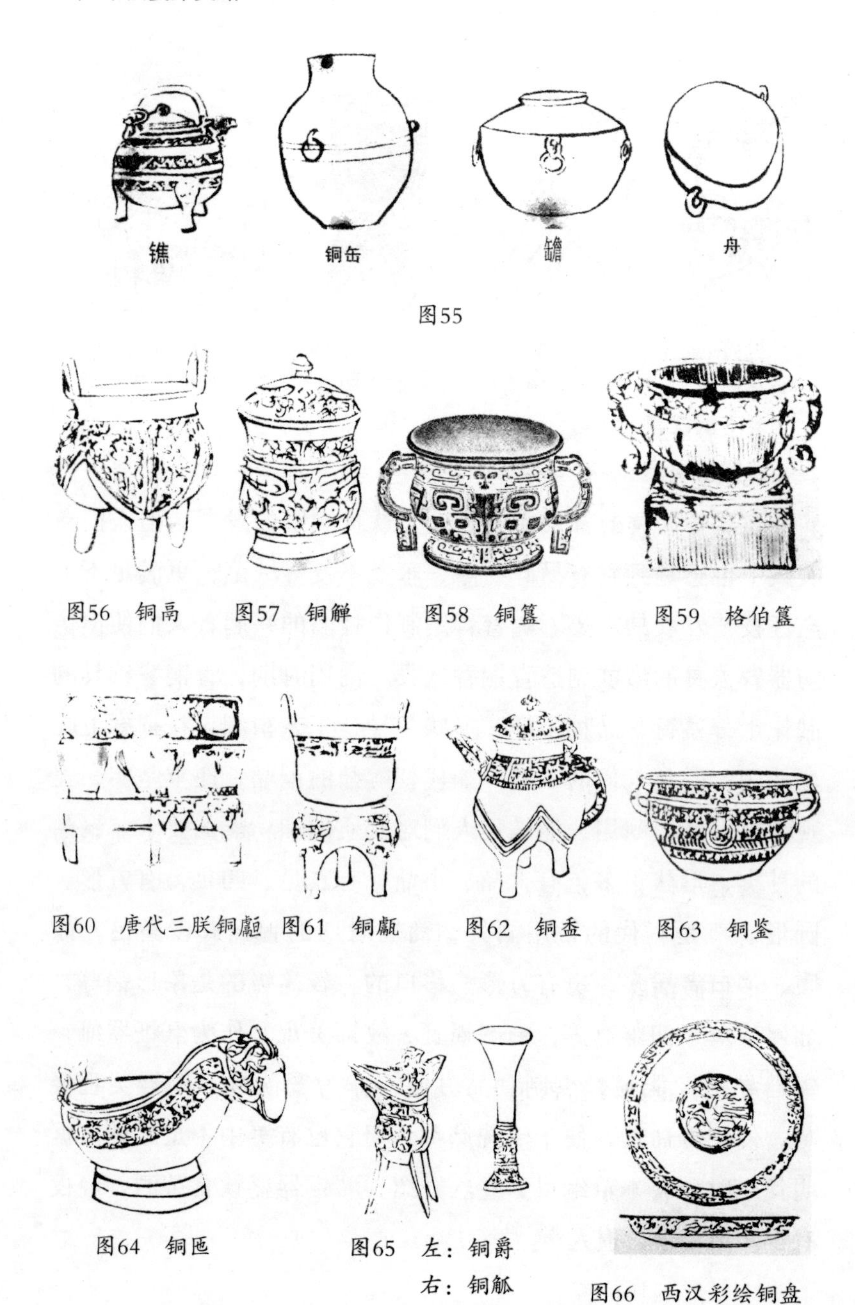

图55

图56 铜鬲　图57 铜觯　图58 铜簋　图59 格伯簋

图60 唐代三联铜甗　图61 铜甗　图62 铜盉　图63 铜鉴

图64 铜匜　图65 左：铜爵 右：铜觚　图66 西汉彩绘铜盘

图67　铜爵

图68　铜爵

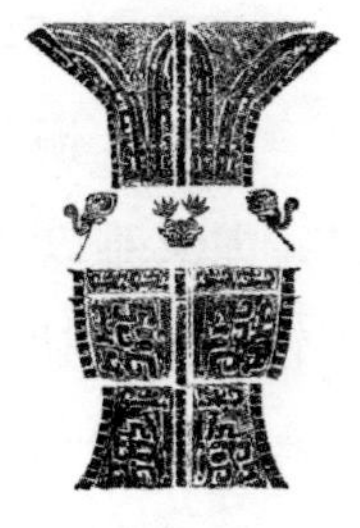

图69　铜尊

漆木餐饮具

为弥补青铜餐饮具的不足，漆木餐饮具在筵席上受到人们的青睐。漆木餐饮具是以木质为内胎，外涂生漆，再绘饰图案而成。目前我国发现最早的涂漆制品，是余姚河姆渡遗址出土的漆木碗。它是一块木头镟挖而成。碗的外壁涂有一层朱红色的天然生漆，微见光泽。虽有传说尧舜之时已有漆木餐饮具，但其广泛流行是在战国秦汉时期。马王堆汉墓出土的漆质酒具，扬州西郊汉墓出土的漆质餐具，其制作之精细，令今人赞叹不已。1962年连云港网疃庄汉墓出土的嵌银磨显长方形漆盒，更是一件艺术价值极高的漆器工艺品：盒长14.9厘米，宽3.5厘米，高6厘米。夹纻胎，表面黑髹，里赭红色。盒盖，顶式，正中嵌两叶纹银片，叶中镶玛瑙小珠。盒盖及盒底立墙嵌狩猎人物及鸟兽银片，形象简练逼真。银片以外描朱漆云纹，纤细流动。正如《盐铁论·散不足》所言“杯案尽文画”。然而漆木餐饮具也有明显的弊病。根据古人的经验，漆与盐格格不入，黑漆器上朱红纹，以盐擦之，则化红水洗下。另外，莼菜、螃蟹也都能坏漆。无论从使用价值还是从卫生角度看，漆木餐饮具都不甚可取。

瓷器餐饮具

陶制、铜制、漆制餐饮具虽各有长处，但也都有很大不足，尤其难以普及。经长期探寻，古人最终发现瓷器餐饮具是比较理想的适用器。瓷器餐饮具是用瓷土作胎，表层施釉，经高温烘烤而成，取料容易，制作简便，不仅能弥补陶制、铜制、漆制餐饮具的不足，而且还有耐酸碱、耐高温低寒的功效，因而在我国历史上经久不衰，不断发展。早在商代，便已出现原始青瓷。唐代生产的白瓷“色白而坚且轻，扣之有韵味，工部诗陶碗之上品矣”。陆龟蒙在《秘色越器》诗中称赞越窑的瓷器道：“九秋风露越窑开，夺得千峰翠色来。好向中宵盛沆瀣，共嵇中散斗遗杯。”杜甫《杜少陵集·又于韦处乞大邑瓷碗》中对蜀窑白瓷赞美云：“大邑烧瓷轻且坚，扣如哀玉锦城传。君家白碗胜霜雪，急送茅斋也可怜。”其质、其声、其色堪称“三绝”。至宋，烧瓷技术已发展到更高的水平，形成官、哥、汝、定、钧五大名窑。景德镇生产的瓷器有“白如玉，明如镜，薄如纸，声如磬”的美誉。元明清时代，瓷器生产无论质量、色泽、形状，还是规格、品种、数量都有进一步的发展，瓷器餐饮具“无贵贱之分通用之”，成为上至宫廷皇室，下至平民之家饮食生活的重要用品。据《明史·食货志》记载，仅供帝王专用的瓷器餐饮具便达三十万七千余件，五十八座御窑日夜生产。宋应星《天工开物·陶埏》中列举了制瓷生产过程，有和土、澄泥、造坯、过刮、汶水、打圈、过釉、装匣、满窑、烘烤等工序，“共计一环工方，过手七十二，方克成器。”

高古瓷、官窑器入席，更是古人设筵布席的一种时尚追求。《百本张抄本子弟书》的《梨园馆》唱词云：

忽听得一声“摆酒”答应“是”，
按款式许多层续有规矩。
先摆下水磨银厢轻苗的牙筷，
酒杯儿是明世官窑的御制诗，
布碟儿是五彩成窑层层见喜，
地章儿清楚花样儿重叠，
刀裁斧齐而且是刀刃子一般薄若纸，
仿佛是一拿就破不结实。
又只见罗碟杯碗纷纷至，
全都是宋代的花纹“童子斗鸡”，
足儿下面镌着字，
原来是经过名人细品题。
察看着当儿许多冰碗，
照的那时新果品似琉璃。
饽饽式样还别致，
全按着膳房内派点心局。
……
这棹碗是真款名窑的拾样锦，
原来是崇文门变价入过库的东西。
……

中国古代千姿百态的餐饮具，不仅丰富了中华饮食文化的内容，还极大地推动了中国古代筵席的发展。

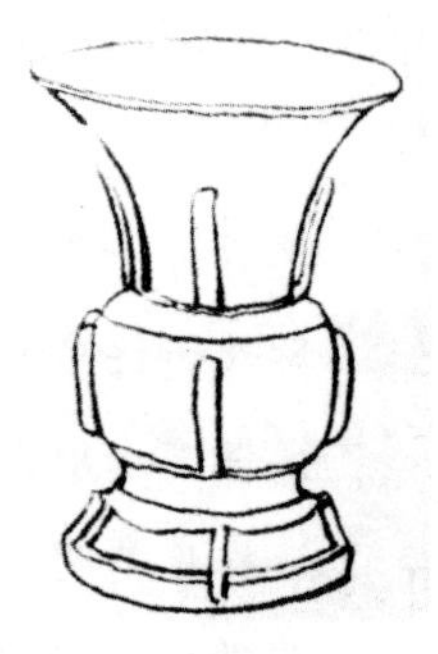

图70　青瓷熊尊　　图71　商代原始青瓷尊　　图72　钧窑月白尊

图73　白釉黑彩水波纹尊

图74　宜兴羊角山出土的宋代宜兴紫砂茶具

金银餐饮具

金银是财富的象征，用金银作餐饮具，很大程度是古人为炫富摆阔。《诗经·旱麓》云“瑟彼玉瓒，黄流在中”，反映出西周时期天子祭祀时已使用黄金祭器。《史记·梁孝王世家》载：“初，孝王在时，有罍樽，值千金，孝王诫后世，善保罍樽，无得以与人。”唐玄宗以自用之金箸赐给宰相宋璟，被人传为美谈。至宋，金银餐饮具在宫廷中的使用已十分常见，从注碗到盘盏多以金银为之或金银饰之。上行下效，权势富豪之家亦以使用金银餐饮具为荣。清代孔府有一套满汉全席银质点铜锡合金餐具共404件，可供190道菜肴使用，餐具大小不一，形状各异。依所盛菜肴之不同，餐具外观或像鸡像鸭，或像龙像凤，形态逼真，在餐具发展史上可谓“中国一绝”了。

《太平广记》中有《唐传奇·马待封》记载：唐开元末年，东海郡（今连云港朝阳）马待封造白银酒山一座，其工艺水平、技术含量、自动化程度令世人称绝。

皆以白银造作。其酒山扑满中，机关运动，或四面开定，以纳风气；风气转动，有阴阳向背，则使其外泉流吐纳，以挹杯斝；酒使出入，皆若自然，巧逾造化矣。

酒山造成在宫中试用，唐皇大悦，群臣喝彩，惊天之作，举世之器：

设计：机关算尽，独具匠心。纯手工、全自动，开关自如；

材质：名贵稀有，白银、嘉木、锻铁、漆塑。酒山主体为白银，盘以嘉木，布漆其外，漆布脱空，锻铁花叶；

功能：饮食俱全，脯醢珍果、佐酒之物应有尽有，随意自取；

规格：山高三尺，盘径四尺有五，受酒三斗，酒吐八分而止；

技艺：酒池绕山、池中生荷，荷开叶舒，荷叶托龙，龙藏半山，寿龟承盘、龙口吐酒，龟腹藏机关。

酒山实际是古代一种酒器，它集储酒、斟酒、展示佳肴于一体，集罐、壶、杯、盘诸功能于一器，“侑坐之器，劝诫之意”，更具饮食合欢的功效。历代社会学家把马待封发明制造的“酒山”成果，与三国张钧的“龙脊水车”、东汉张衡的“浑天仪”、南齐祖冲之的“铜铸指南车”相提并论，足以证明其历史价值。酒山作为古代餐饮具，无论是其科学原理还是其制作工艺，无不彰显古代工匠其巧逾千古的非凡智慧！

其他材质餐饮具

古代筵席上还经常可以见到其他材质制作的餐饮具，如象箸、犀箸、玉杯、玛瑙杯、琉璃盏等。杜甫《丽人行》诗中列举了多种名贵材质制成的餐饮具：

紫驼之峰出翠釜，水精之盘行素鳞。
犀箸厌饫久未下，鸾刀缕切空纷纶。
黄门飞鞚不动尘，御厨络绎送八珍。

这类餐饮具尽管没有陶瓷、金银、漆木、青铜餐饮具那样品种齐全、规格多样，但对于丰富古代餐饮具都有其重要意义。这类餐饮具在宴席上使用可渲染气氛、活跃情绪。一种稀有的餐饮具的出现往往使宾客眼界大开，席上情趣盎然。陶宗仪《南村辍耕录》中曾提到一黑玉酒瓮：

广寒殿在山顶……中有小玉殿，内设金嵌玉龙御榻，左右列从臣坐床。前架黑玉酒瓮一，玉有白章，随其形刻为鱼兽出没于波涛之状，其大可贮酒三十余石。

这个“黑玉酒瓮”又名“渎山大玉海”，为迎合元代皇室成员饮酒之风、藏酒存酒的需要而特制的特大酒器。元亡后移至西华门外真武庙中，佛家与酒无缘，改为菜瓮。乾隆十年（1745年），乾隆命“以千金易之”，并移至北海团城承光殿前亭内。玉瓮“径四尺五寸，高二尺，围圆一丈五尺”，上刻乾隆《御制玉瓮歌》，足见此瓮的价值。因“黑玉酒瓮”是今存元代最大的皇室酒具，又经元明清多个朝代的传承，尤其是乾隆帝如获至宝的“抬举”，现已成为古代餐饮器中举世无双的国宝。

除名贵稀有材质外，古人还因时因地制宜，利用植物的根茎、动物的骨壳制成别具一格的餐饮具。如利用竹根竹节制成的竹节杯、竹节盅，利用海虾头壳制成的虾头杯，利用鲎鱼壳制成的鲎壳樽，利用莲叶制成的碧筒杯等，这种餐饮具材质虽成本低廉，却往往体现着文人雅士的慧心巧思。

3.饮食进食具——箸、匙

筷子古称“箸”，也作“筯”“挟”。箸和匙均为史前人类古老的进食具。它与新石器时代农业的发展、陶器的产生以及人类熟食手段、进食方法相关相连。将食物从滚烫的羹汤中捞取送至口中，只有借助不怕烫的器物来承担，这便是箸和匙的由来。《礼记·曲礼上》曰：“羹之有菜者用挟。”《广韵》解，“挟”即为“筴”。《广雅·释器》曰：“筴谓之箸。”箸和匙的区别，不仅形有区别，其用途也不尽一致。箸取羹中菜，匙取米粥米饭类食物。按唐代薛令之所作的《自悼诗》解，这是因为“饭涩匙难绾，羹稀箸易宽”之故。

筷的称谓和制作材质

筷的称谓和制作材质，依时代先后各有不同：先秦时筷子称“挟”“筴”，多采用天然的动物骨角或折树枝、竹枝为之；秦汉时筷子称“箸”；隋唐时称“筯”。总之，“竹”头、“木”旁、“夹”音，都与筷子的材质和取食的动作相关。至于“箸”改称“筷”的起因，说法很多，史载亦然，多与古代禁忌风俗有关。明人《推篷寤语》中说：“世有误恶字而呼为美字者，如立箸讳滞，呼为快子，今因流传之久，至有士大夫间，亦呼箸为快子者，忘其始也。”陆容《菽园杂记》的解释更直接明了：“民间俗讳，各处有之，而吴中为甚，如舟行讳‘住’，讳‘翻’，以‘箸’为‘快儿’，幡布为‘抹布’。”古俗今袭，不仅吴中，沿海临江多航船，都避“住”、讳“翻”。由于筷子是千万年来人们生活中最常见的用具，因而与筷子相关的风俗忌讳最易被人们接受并世代流传，把筷子文化的根基牢牢扎根于大众百姓中。

古代筷子的制作选料多与材质来源和习俗崇尚有关。原始末期人类生存环境受条件所限，筷子只能就便取材，多削木刮竹为筷。夏时“纣为象箸”，象牙筷出现。商代的骨质、铜质筷子也同时面世。春秋战国时便有铁质筷子流行。汉魏至六朝已有漆筷使用。隋唐时更有金、银筷子亮相。随后历朝历代应运而生的有玉质、犀角、玳瑁、玛瑙等稀有材料制作的筷子，成为一种身份地位的象征。古时许多筷子的制作工艺极其精细，雕镂镶嵌、描龙绘凤、花鸟鱼虫、包金裹银，可谓巧夺天工！

在民间有关筷子由来的传说甚多，更具有神秘色彩。有说大禹治水时简餐便食，折树枝柳条取食，便发明了木筷；有说姜子牙取肉被阻，受神鸟启发首制丝竹筷子；更有传妲己为讨纣王欢心取玉簪作筷……古代传说的神奇丰富了筷子文化的蕴涵。

筷子的神奇和特殊功用

在中华古老国度中，筷文化以其不朽的品格、独特的魅力和丰富的寓意、始终如一的坚守，在世界饮食文化史上一枝独秀，唯我独有，成为华夏文明的瑰宝。

筷子的特殊功用，对人类的重大贡献，著名物理学家李政道博士从现代科学的角度给予高度评价："筷子是绝妙的东西。持筷子用膳实际上是物理学杠杆原理的具体运用。它是人类手指的延长。"中医学也认为，用筷动脑，牵动神经血脉，五指舞动自成三节：拇指在上，食指随后，无名指在下，小指紧随，中指居中，上下调节，或夹、或扒、或挑、或戳，运动自若。道教、佛学、玄术借筷言吉。筷子两根成双成对，互动互应，太极之势，两仪之象，相辅相成；筷头筷尾一圆一方，圆为天，方为地，天地合一，顺天理合人意，万事和顺。

筷子的神奇妙用，古人用它策天策地，策划方略，卦卜吉凶、测毒避害，无所不能。楚汉之争，张良曾用筷子为刘邦制定翦灭项羽的战略；韩凝礼用筷子预卜唐玄宗平定内乱的成败；后唐帝李从珂选相难决，借筷挟定。筷子的坚贞耿直，被众人借喻：唐玄宗赐金筷给宰相宋璟，誉其品格如箸坚贞；永福公主不嫁于琮，折箸抗婚以示宁折不弯。至于刘备失惊落箸，惊雷掩之，实为箸缘天助！明太祖重才赐膳，唐肃受宠若惊，食讫拱箸以示感恩，却被视为不敬，落得个谪戍濠州的下场！多少帝王将相家藏银箸测毒避害防遭暗算，也是箸功甚著，至于死者殉葬陪箸以示亡灵饮食无忧，却是对活人的安慰……

筷文化的曲直方圆

千百年来，人们在享用筷子给予美滋美味的同时，也在尽情陶醉筷子这一平淡无奇的载体创造出的种种文化娱乐形式。如筷子诗、筷子舞、筷子典故、筷子谜语、筷子魔术杂技等等。古今收藏筷子也为乐事，爱者视为珍宝，珍者当家传。古今中外有许多筷子收藏大家，藏箸千种，古玩万家。明代奸臣严嵩强取豪夺金银财宝无数，金箸银筯从不放过。他家仅各式筷子就有二万七千余双。在籍没其家产时，抄家物品中有“金筯二双”“金厢牙筯一千一百一十双”“银厢牙筯一千零九双”“象牙筯二千六百九十双”“玳瑁筯一十双”“乌木筯六千八百九十双”“斑竹筯五千九百三十一双”“漆筯九千五百一十双”。品种齐全包罗万“箸”，数量之众让人惊叹不止！可称筷子收藏天下之最了！

筷子两支一双成对，十二双为一把成“富”。人们一日三餐家常便饭，或饮欢作乐聚客成宴，筷子人手一双，成双成对合礼，举箸而食有诸多讲究和忌讳。中国传统的家庭教育，往往以饮食礼教先行，从娃娃抓起：婴儿断“奶”，从喂食开始，家长喂食边教握筷方法，边讲持筷规矩；儿童初学拿筷，还没上桌与宴共食，便受餐桌礼数的启蒙教育。尤其对饭桌之上的添筷、递筷、剔筷、插筷、移筷、粘筷、跨筷等不雅之举和丑陋之相深恶痛绝！更有甚者，人们将用筷的种种忌讳列举明示，引以为戒：备餐摆筷忌“三长两短”“乾坤颠倒”；待食忌“击盏敲盘”“挥箸拍节”；派菜劝食忌“当众烧香”；取食时忌“定海神针”“执箸巡城”，更忌讳“翻江倒海”“迷箸刨坟”；取食入口忌“泪箸遗珠”“品箸留声”“持箸拨齿”。此十二禁忌的恶习丑相与现代文明格格不入，虽难以杜绝，但随着人们文明程度的提高，定会逐一铲除，筷子文化的崭新一面将展现于现代生活中。

匙的材质与功用

谈箸说匙，匙，古书亦写作“匕”，即为人们进食用的餐匙。根据匙自身的铭文和文献记载，一般称匙或匕。《方言》曰：“匕谓之匙。”现代人多称羹匙、汤匙，也有叫调羹。最早的匕为骨匕，以磁山文化出土的匕最早，距今有七千多年。古代匙的含意比现代广泛，可用作舀饭、舀羹、舀汤，还可以舀物体，舀粮食。匙的用途不同，故大小长短也不一。匙多为木制，所以枇、柶等与匙相关的字皆从木。古代吉礼用棘木制作的匙，称棘匕；丧礼则用桑木制作的匙，称桑匕。总之，匙和箸均为古代常用的饮食进食具。

四、筵席菜单

筵席菜单是以文字表现筵席菜肴的名称和上菜顺序的标记。筵席菜单的作用不仅是让与筵者知晓享用的菜肴，而且也是厨房采购物料、厨师烹制菜肴的依据。因而，筵席菜单既是待客之道的礼仪需要，又是筵席本身规格、档次的展示。古人设筵待客首先注重菜单编排，尤其强调菜单的组合艺术。研究古代筵席菜单，对于我们了解古代筵席的变迁和发展是十分有益的。

1.筵席菜单的种类特征

筵席菜单以物质为基础，受礼的制约，具有强烈的时代特征。筵席菜单的特征能反映人们的心理状况和需求动机，体现不同时代的文明程度。纵观古代筵席菜单，无论其内容还是形式，都充分说明了这一点。古代筵席菜单的制定，不是以多为贵就是以奇为尚，不是以贵为荣就是以烹为技，或强调菜肴的色香味形，或注重菜肴的组合艺术，但都脱离不了以下基本特征：

以多为贵，突出菜肴数量

古代筵席菜单往往看重菜肴的数量，这是受几千年“礼以多为尚”和筵席菜单等级制度的影响所致。这种现象在先秦时期尤其突出，这是因为当时的物质资料还不很丰富，数量多少无疑是衡量物质条件好坏的首要标准。所以，先秦时期菜单等级的表现首先是数量的多少。《周易·坎·六四》有“樽酒簋贰”句，孔颖达疏云“一樽之酒，二簋之食”，首先要明确饮和食的数量。《诗经·权舆》中没落贵族在感叹“今也每食不饱”之时，还念念不忘当初“每食四簋”的待遇。夏商周三代，无论商、周的祀筵还是周天子的食单，无论奴隶主的家宴还是民间便筵，均以菜肴的多少作为衡量筵席档次高低的标准。

物质资料逐渐丰富后，以多为贵依然成风。如西汉前期，物产充盈，百姓生活较为丰足，民间筵席三牲五味俱全，菜肴达数十种。民间婚筵更是“燔炙满案”“众物杂味”，数量惊人。这在《盐铁论》中有所反映。长沙马王堆汉轪侯夫人墓中出土的竹简食单各类食品多达一百余种。南宋时，清河郡王张俊在家设筵款待宋高宗，菜单肴馔多达二百五十余种，连招待随侍宋高宗同来的秦桧的“另宴”菜肴也有几十种（事见《武林旧事》卷九）。南宋以后，江南地区筵席以多为贵成为习俗。元代韩弈《易牙遗意》云：“今天下号极縻，三吴尤甚。寻常过从，大小方圆之器，俭者率半百。”以多为贵的筵席，至清代的满汉全席而达于顶峰。乾隆皇帝下江南，一席满汉全席吃了三天，菜单达三百多种。

以多为贵是中国古代筵席菜单指导思想上存在的最大弊病。对此，古代的有识之士亦持批评态度。清代袁枚在《随园食单》中称此举为“恶套”，并极力反对：

今官场之菜，名号有十六碟、八簋、四点心之称，有满汉席之称，也有八小吃之称，有十大菜之称。种种俗名，皆恶厨陋习。只可用之于新亲上门，上司入境，以此敷衍，配上椅披桌裙，插屏香案，三揖百拜方称。若家居欢宴，文酒开筵，安可用此恶套哉！

清代朱彝尊在《食宪鸿秘》中说："食不须多味，每食只宜一二佳味。纵有他美，须俟腹内运化后再进，方得受益。若一饭而包罗数十味于腹中，恐五脏亦供役不及。而物性既杂，其间岂无矛盾？亦可畏也。"为免暴殄天物，也有人提出"余物怀归"的主张，前文已提及。

以贵为荣，筵席开支惊人

古时统治阶级中一些人为炫富摆阔，在制定筵席菜单时竭力罗列名贵物品，以每席费用的高低作为衡量筵席优劣的标准。《晋书·何曾传》载，何曾"日食万钱，犹曰无下箸处"。由其奢侈挥霍可以想象当时统治阶级的腐败。

其实，对这种挥金如土的败家子作风，明智的统治者也是"不堪也"。宋仁宗尝于初秋宴请群臣，时蛤蜊刚在京师上市，每枚价千钱，有人为讨好皇帝，席间进献给仁宗二十八枚蛤蜊。仁宗一打听价钱，不悦道："我尝戒尔辈勿为侈靡，今一下箸费二十八千，吾不堪也。"终于没吃那应时海鲜。（事见《古今图书集成》第七二六册）

不过，明智的统治者毕竟不多，因而以贵为荣的奢侈之风在中国筵席史上从未绝迹。明代，管理宫廷膳食的光禄寺机构庞大，皇室宴饮开支浩繁。清代最高统治者在这方面开支更为惊人。据记载，雍正皇帝一个月的御膳须耗用猪二百五十二口

（每口重五十斤），小猪一百九十七口，猪肉五千四百八十六斤，鹅二十九只，鸭七百七十八只，鸡二千三百九十七只，笋鸡五千零二十七只，牛肉四千四百八十三斤，文蹄三十二个，这还不包括主食和其他食品。

以贵为荣的风尚，在权贵富豪之家也很盛行。据《孔府档案》记载，咸丰二年（1852年）衍圣公孔繁灏之妻毕氏过生日，大宴八九日，设筵达四百六十多桌，共开支一百三十八万九千文，折合粮食三万五千多斤。光绪二十七年（1901年）衍圣公孔令贻过三十岁生日，大宴十余日，仅鱼翅、海参等高档席面即达七百一十多桌，开支六百一十万文，折合粮食十七万五千多斤。

袁枚在《随园食单》中批评这种炫富摆阔的筵席："若徒夸体面，不如碗中竟放明珠百粒，则值万金矣，其如吃不得何？"

以烹为技，突出烹调技艺和菜名的艺术性

筵席是筵席菜肴的烹调技艺和组合艺术的完美结合。正如孙中山先生所言："中国烹饪技术之妙，亦足以表明进化之深也。"筵席菜肴制作是烹饪技术的重要展示，可以说，古代烹饪技术的提高是附着于筵席而发展的。

在古代众多的筵席中，要数全羊席的烹饪技术最高、组合艺术最妙。仅羊一物，便可成菜百余，且每菜都有名堂，多变而不重复，整席羊菜，无一"羊"字，烧烤煎煮，各俱特色，整席羊菜组合得如此精巧、合理，令人叹为观止。古时，羊比其他牲畜身价高，这在汉字中也有反映。羊大为"美"，"羹"则美在以羊羔为之。以羊为贵的习俗可能是烹羊技术高度发展的重要原因。冯贽《云仙杂记》还介绍过一种"过厅

羊”的食羊肉法：“熊翻每会客，至酒半，阶前旋杀羊，令众客自割随所好者，彩绵系之，记号毕，蒸之，各自认取，以刚竹刀切食，一时盛行，号‘过厅羊’。”

岂止是烹羊，庖丁解牛更为传奇。我国的烹饪技术秦汉后发展很快。至明初时，我国的烹饪已发展成为世界一流技艺。至明代万历年间，已有炙、脯、腊、醢、脍、朐、脔、鲭、膊、鲞、鲊、醍醐、绺蒸、馅、酥、乳腐、泔、汁、滓、烹、煮、炮、爆、烘、煎、燔、熟、腌、酿、炖、溲、煨、烙、调和、炒、熏、炊、烂、蒸、炕、焊、焙、熬、酝等烹饪方法一百多种，正如李渔《闲情偶寄》总结的“世人制菜之法，可称百怪千奇，自新鲜以至于腌糟酱腊，无一不曲尽其能，务求至美”。

以庖为武，方显英雄本色。

制菜之法的百怪千奇尽显庖厨的独门绝技。“自古有君必有臣，犹之有饮食必有庖人。”在上下五千年的中华烹饪实践中，涌现出众多超凡绝顶的古代名厨。他们是饮食文化的创造者之一。历史上，从传说的“太昊伏羲养牺牲以庖厨，故曰庖牺”始，便有以庖事喻比治国安邦，因善“烹小鲜”而成“治大国”者：厨王彭铿、烹圣伊尹、太公吕望皆官拜相位；“臣请以喻五味，管仲善断割之，隰明善煎熬之，宾须无善齐和之”而留名载史；“庖丁鼓刀，易牙烹熬”，成为“老饕”们酒醉诗百篇的佳句；“灶下养，中郎将；烂羊胃，骑都尉；烂羊头，关内侯”更是长安民谣对庖厨为官的风趣写照。

历朝历代皇官御厨不计其数，掌有独门绝技而留名载史的古代名厨，如《武林旧事》中列举宋代活跃在酒肆饭庄的名厨有严厨、翁厨、陈厨、周厨、任厨、郑厨、沈厨、巧张等；在明代有善做吴馔的钱普；乾隆年间美食家袁枚家的厨师王小余，苏州做熏鱼子的孙春阳，扬州做走炸鸡的田雁门，做“十样猪头”的江郑堂，做拌鲟鳇的汪南溪，做梨丝炒肉的施胖子，做什锦豆腐羹的文思和尚等，举不胜举。

更应提及的是，在古代众多从事厨艺的队伍中，顶起“食为天”半边天的厨娘们，是一支不可忽视的中坚力量。尤其在唐宋时期，女子掌勺操刀，不仅有皇宫御膳能为之的“尚食娘子”，还有善理官宦之家豪门盛宴的“江陵厨娘”。也有很多一菜成名、千古流芳的无名氏，如：宋嫂鱼羹李嫂羊，麻婆豆腐陈婆娘，年府女厨小炒肉，曹婆肉饼李婆羹……另从历史资料可见，无论汉画像石《庖厨图》，还是魏晋画像砖《庖厨图》，还是宋代的《厨娘》画像砖，清晰可见她们司厨丰姿：红案白案、粗细加工、杀鸡宰鸭、斫鲙涤器、煮食烹茶……形象生动，洒脱自若。尽管今人记不清她们的名和姓，但她们烹制的名菜名点流芳百世。谁又能说女子不如男呢？

筵席中的菜名及菜名间的组合也是一门艺术。清代，喜庆祝语入馔之风盛行。如光绪年间宫廷除夕筵席菜单中有两组菜，一组为“燕窝迎字八鲜鸭子一品，燕窝春字口蘑肥鸡一品，燕窝多字锅烧鸭子一品，燕窝福字什锦鸡丝一品”，另一组为“燕窝洪字三鲜鸭子一品，燕窝福字什锦鸡丝一品，燕窝万字烘鸭子一品，燕窝年字五绺鸡丝一品”。前一组拼成“迎春多福”四字，后一组拼成“洪福万年”四字，佳肴可口，吉语可心。古代筵席菜单盛行借喻寄意，唐宋时最流行。如仙人脔、神仙饼、龙眼包、麒麟鱼、鸳鸯鱼等等，都以比喻夸张手法寄托人们对美好生活的向往。菜名的艺术性也是饮誉世界的。古时有将唐诗入馔的，一句唐诗就是一盘佳肴。比较著名的，如将杜甫的诗“两个黄鹂鸣翠柳，一行白鹭上青天。窗含西岭千秋雪，门泊东吴万里船”做成四个菜，可以展开论述这四句诗都怎么入菜，极富情趣。数字入菜名，一至十均有，一品、双拼、三元、四喜、五福、六合、七巧、八宝、九鼎、什锦，吉祥如意，富有口彩。在古代筵席菜单中，时时可见以名人或名厨命名的名菜，如文思豆腐、麻婆豆腐、东坡肉、美人蛏、西施舌、贵妃红、王母饭等等，菜名雅俗共赏，富有情趣。

图75　画像砖《厨婢图》

图76　宋代《厨娘》画像砖

2.筵席菜单的选择原则

一曰以养为先

世间有一种现象，往往最简单的最让人琢磨不透。人类饮食，一日三餐，天天如此，按理是最平常不过的事。千百年来，食客、庖厨、专家、学者围绕“什么味最美”“什么最好吃”这个老课题，苦苦探索，却始终没能形成共识。生存空间的不同，需求动机的有别，决定人们饮食的口味差异。疗饥果腹为着生存，养生追求的是延年益寿，满足口腹之欲贪图的是精神享受，猎奇求异纯属寻欢作乐……“食无定味，适口者珍”，“萝卜白菜，各有所爱”。美食并不以绚丽夺人，而是以真味取胜。明代袁黄的《摄生三要》从养生的角度，主张以淡味、真味为至味，是比较科学的饮食观：

《内经》云：精不足者，补之以味。然醴郁之味不能生精，惟恬淡之味乃能补精耳。盖万物皆有其味，调和胜而真味衰矣。不论腥素、淡煮之得法，自有一段冲和恬淡之气，益人肠胃。《洪范》论味而曰：稼穑作甘。世间之物，惟五谷得味之正，但能淡食，谷味最能养精。又凡煮粥饭而中有厚汁，滚作一团者，此米之精液所聚也，食之最能生精，试之有效。

清代顾仲在《养小录》中把人们对饮食的态度分为三类：“且夫饮食之人，大约有三：一曰餔餟之人，秉量甚宏，多多益善，不择精粗；一曰滋味之人，求工烹饪，博及珍奇，又兼好名，不惜多费，损人益之，或不暇计；一曰养生之人，务清洁，务熟食，务调和，不侈费，不尚奇，食品本多，忌品不少，有条有节，有益无损，遵生颐养，以和于身。”他赞成“养生之人”的饮食态度：“余谓饮食之道，关乎性命，治之之要，惟洁惟宜。宜者，五味得宜，生熟合节，难以备陈。”看来，“以味为核心，以养为目的”是构成中国烹饪特色的核心。这更是古时有识之士的共同见解。从“养生之人”的角度，综合比较古时各类筵席菜单，从中可以寻找到筵席菜单制订的基本原则。

二曰应时

人类的食物原料，不论动物还是植物，在不同季节，其质地、口味、营养都会有明显的差异。凡美味佳肴，必取材于应时当令之物。据《礼记》记载，早在先秦时期，我们的祖先已经认识到春天的乳猪乳羊、夏天的干禽干鱼、秋天的乳牛乳鹿、冬天的鲜活禽类要比其他季节的同类食品滋味更鲜美。“春初早韭，秋末晚菘”，更是味逾山珍的佳蔬。明代孙承泽的《典礼记》中“荐新品物”就是对这类应时食物的详细记载：

正月：韭菜、生菜、鸡子、鸭子

二月：芹菜、苔菜、蒌蒿、鹅

三月：茶、笋、鲤

四月：樱桃、杏子、青梅、王瓜、雉鸡

五月：桃子、李子、来禽、茄子、大麦仁、小麦面

六月：莲蓬、甜瓜、西瓜、冬瓜

七月：枣子、葡萄、鲜菱、芡实、雪梨

八月：藕、芋苗、茭白、嫩姜、粳米、稷米、鳜鱼

九月：橙子、栗子、小红豆、砂糖、鲂鱼

十月：柑子、桔子、山药、蜜

十一月：甘蔗、荞麦面、红豆、鹿

十二月：菠菜、芥菜、鲫鱼、白鱼

一年四季十二月，所荐新品各有不同，时蔬水果占的比重较大，荤腥中的鸡、雉、鹅、鸭及鲂、白、鲤、鳜等也是应时随令逐月区别之。讲时令、重新鲜、少荤多素这一特征，完全符合《黄帝内经·素问》中“五谷为养，五果为助，五畜为益，五菜为充，气味合而服之，以补精益气”的养生之道，这正是中华饮食文化的精髓所在。

不仅主料，配料、调料也需应时配置得当。袁枚在《随园食单》中说：“夏宜用芥末，冬宜用胡椒。当三伏天而得冬腌菜，贱物也，而竟成至宝矣。当秋凉时而得行鞭笋，亦贱物也，而视若珍馐矣。有先时而见好者，三月食鲥鱼是也。有后时而见好者，四月食芋艿是也。其他亦可类推。有过时而不可吃者，萝卜过时则心空，山笋过时则味苦，刀鲚过时则骨硬。所谓四时之序，成功者退，精华已竭，褰裳去之也。”这可以视为古人对“应时”的理解和经验之谈。

三曰适口

适口是指食物适合人的口味要求。而口味指的是人对食物所持有的相对稳定的态度。有人喜本味、独味，有人好奇味、

怪味，甚至有人嗜“难言之味”。古代名菜，包括许多山珍海味的食材，质地单纯，本身无味。将无味之材变成美味之珍即烹调。烹调，将食材由生变熟是烹，容易；而将无味变有味，有味成美味是调，难；若适众口之珍，难上加难。厨之功，运用自然调味料，将质地单纯、极难入味的食材变成适众口之珍，不仅是烹技，更需调术。“调和鼎鼐，用汝盐梅”，基本两味加上苦、甜、辣，成为古人常说的“五味”，而人的口味要求远远超过“五味”。俗话说“众口难调”“适口者珍”，不是没有道理。从人的生理上讲，人的味觉器官功能并无不同，但其接受能力却有很大差异，这种差异促使厨师去调出更多的合适口味。古时筵席菜单强调“一菜一味，百菜百格”，就是迎合不同口味人的需求，就是出于对味的理解与追求。清代顾仲在《养小录》中说：“古人之于味，重致意矣。《周礼》《内则》备载食齐、羹齐、饮齐，曰和曰调曰膳（煎也），各以四时配五味、五谷及诸腥膏。”以“重致意”辩证道出“应时”与“适口”的关系。

《周礼·天官》规定筵席菜单的调味原则是：“凡和，春多酸，夏多苦，秋多辛，冬多咸，调以滑甘。凡会膳食之宜，牛宜稌，羊宜黍，豕宜稷，犬宜粱，雁宜麦，鱼宜苽。”四季变化对人体有影响，在不同季节施以不同的调味，有助于调整人体对自然界的适应能力。同时，主副食的合理搭配，主要也是从适口、合味的角度考虑的。显然《周礼·天官》的调味原则是值得肯定的。

当然，适口因时、因地、因人而异，带有一定的主观偏好，“物无定味，适口者珍”。唐代刘晏五更入朝，肚饥难忍，一块蒸胡饼使他感到“美不可言”。宋太宗问苏易简什么东西最好吃，苏回忆有一次天冷围炉饮酒，嘴干口渴，几口咸菜汁使他感到“上界仙厨鸾脯凤胎殆恐不及”。唐传奇小说《李使君》写道，富家子弟，因“炭不经炼”言“失饪”，面对美味佳肴，无动于衷。遇危难，仓皇逃命，三日未进粒米，糙米冷食，更觉香味扑鼻！这恐是“饥不择食”所至。因而人们对味的认知和衡量标准是以人的生理、心理需求而转变的，这正是孟子所言“饥者甘食，渴者甘饮，是未得饮食之正也，饥渴害之也。”究其因，“饮食者，天理也；要求美味，人欲也。”明代陆树声《清暑笔谈》一语道破：“昔人偶断羞食淡饭者曰：今日方知真味，向来几为舌本所瞒。”尽管如此，口味毕竟有其共同之处。设计筵席菜单总是把适口放在首位，只有适口才能让人踊跃与筵。中国古代筵席尤其宫廷御膳的口味有“九九八十一口”之说，而且每一种口味都冠以佳语妙句成绝。如干烧鱼的梯子口、瓦香肉的三致口、八宝肥鸭的净贤口、蟹黄狮子头的红光口、扒肘子的天堂口、香酥鸭的畹香口、粉蒸肉的佳女口、葱油海参的吐汁口、焦熘里脊的文霞口、酒焖肉的东坡口等。这些口味大都是复合味，口感主次清晰，口味层次分明。众口难调，适口为珍，千差万别的“九九八十一口”正是为着适合不同口味的需求。

四曰配套

古代筵席菜肴少则数十，多则上百，除强调应时适口外，还得根据菜点数量合理进行编排。编排菜单，除须体现风格、突出特色外，还要先后有序，荤素相宜，口味众多，烹技各异，即贯彻配套的原则。饮食聚餐，总是先饮后食。古人将筵席菜单分为饮、食两大类：前一类称“按酒”，即下酒之菜；后一类叫“下饭”，即佐膳之肴。清代朱彝尊在《食宪鸿秘》中说：“从来称饮必先于食，盖以水生于天，谷成于地，‘天一生水，地二成之’之义也。故此亦先饮而叙食。”不管这种解释是否合理，先饮后食却是自古以来人们的饮食规律。饮不仅指水，还指酒和其他饮品，尤其是指酒，自古就有“无酒不成席”之说。《周礼·天官》“饮用六清”，“六清”指水、浆、醴、凉、酱、酏，大多也是饮品一类。因而编排筵席菜单首先要设计下酒的菜肴，这类菜肴常常以冷盘为先导。

在编排筵席菜单时，除为饮而设的冷盘外，还有热菜、下饭菜、甜汤、点心、水果等，其中尤以热菜为主要内容，质高量大。热菜中又分为头菜、热炒之类，无论质与量，它们都是筵席中的重头菜，往往体现着筵席的规格档次，编排筵席菜单时要给予特别的重视。

根据菜肴不同的咸淡浓薄确定上菜程序，这是编排筵席菜单的关键。袁枚在《随园食单》中写道：

上菜之法盐者宜先，淡者宜后；浓者宜先，薄者宜后；无汤者宜先，有汤者宜后。宜天下原有五味，不可以咸之一味概之。度客食饱，则脾困矣，须用辛辣以振动之；虑客酒多则胃疲矣，须用酸甘以提醒之。

这是古人编排筵席菜单的经验总结，不仅符合科学道理，而且极具实用价值。

为求筵席菜单配套合理，还要讲求菜肴制作的色、香、味和原料多寡。这方面，袁枚在《随园食单》中也有很好的意见：

目与鼻，口之邻也，亦口之媒介也。嘉肴到目到鼻，色臭便有不同，或净若秋云，或艳如琥珀，其芬芳之气，亦扑鼻而来，不必齿决之、舌尝之而后知其妙也。然求色不可用糖炒，求香不可用香料，一涉粉饰，便伤至味。

用贵物宜多，用贱物宜少。煎炒之物多，则火力不透，肉亦不松。故用肉不得过半斤，用鸡、鱼不得过六两。或问：食之不足如何？曰：俟食毕后另炒可也。以多为贵者，白煮肉，非二十斤以外，则淡而无味。

筵席的每一个环节都是不可或缺的。在制定筵席菜单时不能顾此失彼，虎头蛇尾。尤其是筵席结束前的最后环节，直接影响筵席的整体效果。待客酒醉饭饱，奉上香茗一杯，更觉口爽目清，情意悠长。袁枚的《随园食单》归纳："大抵一席佳肴，司厨之功居其六，买办之功居其四。"筵席菜单的制定直接决定原料的采办与厨房的烹饪，因而菜单的制定在整个筵席事务中具有重要作用。

纵观古代筵席事务，虽面广量大，千头万绪，若遵礼仪，讲礼节，依礼行事，却礼到天成，手到擒来。古代筵席事务，经历朝历代的演变，不断完善，渐趋合"礼"，儒家经典的"三礼"在这种特殊的饮食合欢中得到充分的体现，这正是礼的价值所在。尤其在清代，许多有识之士，为提升筵席礼仪的适用性、可操作性，定"会约"，立"觞政"，极力规范筵席的行为。其中，清代苏州人尤侗的《真率会约》，将筵席事务礼化为会之人、会之期、会之地、会之具、会之事、会之礼。

会之人：不求十人、八人一桌，不图济济一堂，不可喧宾夺主。主、客、宾、介，依礼与宴。“六逸七贤，八达九老”宁缺毋滥。“便不得邀贵人，嫌热也，不得挟伎人，嫌狎也。”

会之期：宴频烦神，以“浃旬一举”为宜，不可五日一大宴，三日一小宴，“越宿单简一约，辰集酉散，不卜其夜”。被邀者，客也，客随主便，赴宴不迟不早不失约，特殊情况则另当别论。

会之地：春夏秋冬，晴阴雨雪，设宴因地制宜，布席择优佳境，“暑宜长林，寒宜密室，春秋之际，花月为佳”。

会之具：宴之馔未必多多益善。多少为宜？恰如其分、恰到好处！“素一腥三，酒五行，中饭加羹汤一”。便宴四簋足矣！“薄晚小饮，设果一盘，杂蔬九合，加小点一。”

会之事：席间“或赋诗，或读书，或作字，或琴或棋。各从所好，独不许赌牌”。宴乐形式多种多样，唯赌不举，“赌牌三费：费时，费心，费财”，失筵之本意；筵间交谈，“或谈史，或谈经，或谈禅，或谈山水”，“独不许谈者三耳：一不谈官长，二不谈阿堵，三不谈账簿事”。官、财、色，不登大雅之堂！

会之礼：迎来送往亦依礼而行，迎送“后至不迎，先归不送，虽迎送，不远。客或静坐，或高卧，或更衣小便，不陪”。

图77　汉人宴集画像砖

图78　汉代《宴饮图》　江苏连云港孔望山摩崖造像

图79　唐代宴饮壁画摹本

图80　岩峙《食肆酒楼》壁画

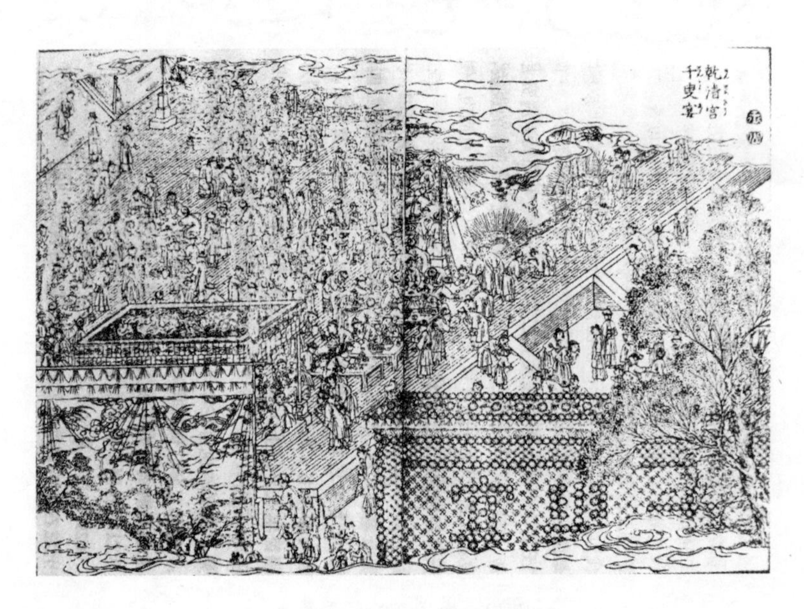

图81　清代乾清宫《千叟宴图》

【第六章】

古代筵席与酒文化

饮酒是中国人民传统的饮食习俗。礼尚往来交际无酒不欢，亲朋好友团聚必有酒。特别在古代宫廷皇室的饮食生活中，酒更占据了一个非常重要而特殊的位置。《汉书·食货志》称：“酒者，天之美禄，帝王所以颐养天下，享祀祈福，扶衰养疾。有礼之会，非酒不行。”美味共佳酿，饮食同辉，筵席伴美酒，结伴而行。酒在宴中的作用与食同等重要，缺一不可。举杯宴始，落盏席终。自古就有“无酒不成席”之说，故筵席亦称酒席。在民间人们甚至把婚姻嫁娶、生儿育女的喜宴称为喝喜酒。酒不但是我国先民对人类饮食作出的重大贡献，也是中华灿烂饮食文化的重要组成部分。

一、酒之始——酒的起源

酒，《说文》称“酒，就也，所以就人性的善恶。从酉，酉亦声”。又称，“酿之米麹酉泽，久而味美也”。酒字古字写作“酉”，后被地支“卯酉”之酉借用，古人在“酉”字边加三点水，创造了“酒”字。“酉”金文写作“[illegible]”或“[illegible]”，显然像盛酒的器皿或酿酒的缸瓮。因而，古代酒类饮料的字多带“酉”。如：醴为甜淡的酒，截为味淡微酸的酒类饮料，醨为薄酒，醪、醓则多为未去滓的薄酒，醇、醹为厚酒，酎为重酿酒……酒在古代是供人享用的饮料，同时也是用以祭祀的祭品，还可作医病疗伤的药酒。《周礼·酒正》言：“凡祭祀以法共五齐三酒。”“三酒”与“五齐”的区别，“三酒”味厚，供人饮用；“五齐”味薄，用以祭鬼神。

酒的起源可以追溯到新石器时代后期。那时野果采集和粮食有了一定的积余，食之多余，弃之可惜，便将这些含糖的物质堆积在一起，在一定的自然温度和湿度的作用下，微生物促使物质的发酵，有意无意之间产生了含有酒精成分的液状物，这便是酒的最初形态。最原始的“酒”是野生果实经过附在其表层的天然酵母自然发酵而成的果酒，称为“猿酒”。关于果实花木酒的始酿，陆祚蕃著《粤西偶记》称：“（广西）平乐等府深山中，猿猴极多，善采百花酿酒。樵子进山，得其巢穴者，其酒多为数石，饮之香美异常，名猿酒。”明代李日华也云：“黄山多猿猱，春夏采花果于石洼中，酝酿成酒，香气溢发，闻数百步。”

清人李调元也有此论：“琼州多猿……常于石岩深处得猿酒，盖猿以稻米杂百花所造，……味最辣，然极难得。”谷物酒的发明，或许是偶然，晋人江统作《酒诰》说：“酒之所兴，肇自上皇，或云仪狄，一曰杜康。有饭不尽，委余空桑，郁积成味，久蓄芬芳。本出于此，不由奇方。”唐代王绩《酒经》亦言：“空乘秽饭，酝以稷麦，以成醇醪，酒之始也。”有一传说，认为杜康是始作酒者。据说杜康是夏朝第五代国王相的儿子。杜康从小帮外公放羊，一天突遭大雨，匆忙赶羊回家，忙乱中把装秫米饭的竹筒遗忘在树上。雨过天晴，第二天放羊时才发现，遗落的秫米饭干粮已发酵变成气味芬芳的液状物，尝了尝，甜美可口且精神振奋。这一意外的发现给杜康带来了灵感，最终酿制出了醉人的秫米酒。经过长期的实践，人们学会了酿酒。至于酒的发明具体始于何时，难以确定。酒的发现是人类依赖稼穑维持生存的农耕时期。其实早在有文字记载之前，人类已经掌握了酿酒的技术。这可从考古发掘出酿酒器具得到佐证。山东莒县凌阳河大汶口文化墓葬中发现了距今五千多年前的成套酿酒器具：煮料用的鼎，发酵用的大口尊，滤酒用的漏缸，贮酒用的陶瓮，还有饮酒用的单耳杯、斛形杯、高柄杯等计一百余件。足以证明早在龙山文化之前的大汶口文化时期，我国先民已经十分熟练地掌握了酿酒的技术。

战国时期成书的《世本·作篇》记载："仪狄始作酒醪变五味。少康作秫酒。"《尚书·说命篇》也有记载：公元前十二世纪前半期的商王武丁和大臣传说的对话中，有"若作酒醴，尔维曲蘖"句。这又证明早在三千二百年前，人们不仅发明了曲蘖，而且比较熟练地用曲蘖来酿制酒。至于古代酿酒的始作者具体为何人，宋人朱肱在《酒经》中说"酒之作尚矣，仪狄作酒醪，杜康作秫酒，以善酿得名，盖抑始于此"。其实这并不矛盾，仪狄、杜康所酿的是两种不同的酒。仪狄作酒醪，醪为有汁滓的酒，后世的杜甫所云"浊醪粗饭任吾年"，正是此种浊酒。秫酒为高粱酿制的酒，据《晋书·陶潜传》记载：陶任彭泽令时，"在县公田悉令种秫谷，曰：'令吾常醉于酒足矣。'"

佳酿传百世，美酒醉古今。"仙醴酿成天上露，香风醉倒万里霞。"酒的始作者，不一定是指名道姓的仪狄、杜康，但可以这样认为，他俩都不是酒的发明者，充其量是夏朝的两位酿酒高手，只不过在酿酒的技术上有所突破，或所酿之酒的品质高人一等。真正始作酒者应是无数充满智慧且无名无姓的古代劳动者。人民，只有人民，才是创造人类历史的创造者。

二、酒之术——酒的酿造

我们的祖先在农耕劳作的实践中，发明了用谷物酿酒的方法。“若作酒醴，尔维曲蘖”，曲和蘖的发现并成熟地用曲蘖酿酒，广泛利用多种微生物，从而产生了更多能够增加酒中风味的物质成分。

曲指主要以含淀粉的谷物为原料，作为培养微生物的载体，从而培养出丰富的菌类，如曲霉菌等霉菌和母菌。用曲酿酒能同时起到糖化和酒化的作用，并可将糖化和发酵有机地结合到一起。

蘖是以发芽的谷物——麦芽、谷芽，用麦芽和谷芽作谷物酿酒的糖化剂酿成一种甜淡的酒，古代称“醴”。

曲和蘖的发现并作为酿酒的主要技术逐步推广应用，为我国后来独特的酿造方法——酒曲法和固态发酵法奠定了基础。

古代造酒有严格的法式规程。《周礼·酒正》曰：“酒正，掌酒之政令，以式法授酒材。”此式法是指酿造酒的方式，“作酒既有米麴之数，又有功沽之巧”。投料的多少、制作的技艺成为酿造的关键。

“古遗六法”的渊源：《礼记·月令仲冬》有古代最早提

出“六法”的文字记载：“乃令大酋，秫稻必齐，麴蘖必时，湛熺必洁，水泉必香，陶器必良，火齐必得，兼用六物，大酋监之，无有差忒。”“六必”是古今一贯的酿酒六程序，齐、时、洁、香、良、得是其中的关键要领。这同汾酒酿造“七秘诀”大同小异：人必得其精、水必得其甘、曲必得其时、粱必得其实、器必得其洁、缸必得其湿、火必得其缓。“七秘诀”是对“古遗六法”的继承和发展。现代酿酒的实践亦证明，酿酒之术，如人之体：“土乃酒之躯，水乃酒之血，曲乃酒之骨，窖乃酒之魂，藏乃酒之品。”它完全符合科学原理。

我国酿酒以曲为糖化发酵剂，酒的品质与曲有着密切的关系。因而曲的作用一直被人们重视。西汉人扬雄的《方言》中列举名曲达八种之多。其中饼状曲——麬，是制曲技术的一大进展。这是因为散曲仅适于曲霉菌的生长，而饼状曲更利于根霉菌、毛霉菌和酵母的生长繁殖和保藏。曹操曾在家乡用“九投法”酿出“九酿春酒”进献汉献帝刘协。

药酒与大曲、小曲：药酒是古代“借物以养”用于养身保健、有酒精浓度的饮品。古人崇尚“盈缩之期，不但在天”，追求“养怡之福，可得永年”。多选用本草中无毒、无相反、可久食、补益性药性材料加入制曲原料中而酿制出药酒。药酒的药用价值，《素问·血气形态》篇说：“病生于不仁，治之以按摩醪药。”“醪药，谓酒药也。”汉《金匮要略》书中列举了不少用酒治病的处方。外用、内服均有，还能作“药引子”，更可涂抹伤处，能消肿化瘀排毒。西晋人嵇含所著《南方草木状》记录了这类药酒的制作方法。北魏贾思勰《齐民要术·造神麴并酒》：“造神麴黍米酒方：细锉麴，燥曝之。

麴一斗，水九斗，米三石。须多作者，率以此加之，其瓮大小任人耳。”唐元稹《饮致用神麴酒三十韵》亦称：“七月调神麴，三春酿绿醽。”神麴，中药名。因“力更胜之，盖取诸神聚会之日造之，故得神名”。主治食积、泻痢等。

《本草纲目》中列举药酒仅“辑其简要者”就达七十余种。其中薏仁酒、茯苓酒、黄精酒等三四十种都是延年益寿的滋补酒。中国最古老的养生书籍和医药著作都把酒放在一个重要的位置。酒，“以介眉寿”。眉寿，“人年老者必有豪眉秀出者。”何为长寿？晋人杜预认为“寿”为八十以上；《庄子》则说：“上寿百岁，中寿八十，下寿六十。”中国历史上嗜酒善饮的名人，寿者大有人在。“下寿”者有司马相如、马援、曹操、山简、戴颙、王维、李白、欧阳修、苏轼；七十岁以上者有孔子、扬雄、山寿、王戎、刘禹锡、白居易、裴度等；八十以上者有荀子、苏武、陶弘景、贺知章、陆游等。在古代，有“茶为万病之长，酒为百药之长”的比喻。实际上酒的药用价值从古文字的构造看，“医”（醫）字亦从“酉”，《说文解字·酉部》解“醫”字：“酒，所以治病也。”

古老黄酒与果酒：伴随着我国酿酒在制曲方面的长足发展，曲的种类增多，酒的品种随之扩大。古老的黄酒、果酒与白酒同步发展。

黄酒是我国特有的饮品。该酒以糯米、黍米等谷物为原料，经过特定的加工酿制过程，通过酒药、曲、浆水中多种霉菌、酵母菌、细菌的共同作用而酿制的一类低度原汁酒——压榨酒。绍兴酒是我国黄酒中历史悠久的名酒。绍兴酒主要品种有元红酒、加饭酒、善酿酒、鲜酿酒、竹叶青、花雕酒、女儿红等。

楚辞有“援北斗兮酌桂浆”句，可见以桂花浸酒起源甚早。桂花酒，古代也称桂醣、桂花醋、桂浆。宋苏轼曾作《桂酒颂》。果酒的出现就是人们充分认识到酒精成分是一种理想的溶剂，便将香花、果品入酒液中以增加酒的别样风味。经过加工调制按一定比例配入酒中，便酿成香气芬芳浓郁、果香醇正的果酒。刘歆《西京杂记》中有菊花酒的制法：“菊花舒时，并采茎叶，杂黍米酿之，至来年九月九始熟，就饮焉，故谓之菊花酒。”

我国水果资源丰富，珍果甚多，果酒生产有充足的原料保证，尤其葡萄酒生产有着悠久的历史。早在西汉时，中原地区已开始种植葡萄，东汉时葡萄酒开始出现。据《十洲记》载：周穆王时西胡献夜光常满杯，杯是白玉之精，光明夜照，鲜艳如血的葡萄酒，满注于白玉夜光杯中，色泽艳丽。三国时魏文帝曹丕对葡萄及葡萄酒有过很高的评价：“蒲桃当夏末涉秋，尚有余暑，醉酒宿醒，掩露而食，甘而不饴，酸而不酢，冷而不寒，味长汁多，除烦解渴。又酿为酒，甘于曲糵，善醉而易醒，他方之果，宁有匹之者乎？”同时言“葡萄酿以为酒，过之流涎，咽唾，况亲饮之”。这与李时珍《本草纲目》中所言的葡萄酒酿造方法相同：“烧者，取葡萄数十斤同大曲酿酢，取入甑蒸之，以器承滴露，红色可爱。古者西域造之，唐时破高昌，始得其法。”葡萄酒尽管是由西域传入，但唐时已经在宫廷民间普遍饮用，更成为唐代筵席上必备的饮品。唐太宗李世民对葡萄酒情有独钟，除在御苑种植葡萄，收获果实，还亲自指导酿制葡萄酒。《太平御览》有此记载：“及破高昌，收马乳葡萄于苑中种之，并得其酒法，上自损益造酒。酒成，凡有八色，芳香酷烈，味兼醍醐。既颁赐群臣，京师始识其味。”“始识其味”者，首推唐朝开国勋臣魏征，他不仅喜饮葡萄酒，还能亲手酿造。酒酿成亲自令名，美其名曰“醽醁”“翠涛”。君臣共爱葡萄酒，太宗闻悉大喜，挥毫赋诗：“醽醁胜兰生，翠涛过玉薤；千日醉不醒，十年味不败。”“醽醁”“翠涛”远远胜过汉武帝时的兰生酒、隋炀帝时的玉薤酒。用蒸馏方法酿制葡萄酒，足以证实唐代用此法制造谷物烧酒的史实。

我国古代酿酒师们在长期酿造的基础上，又利用酒精与水的沸点不同，制造了蒸馏酒。蒸馏酒是高浓度酒，亦称烧酒。烧酒之谓是取其酒味浓烈、酒精含量高、可以燃烧之意，故烧酒又有火酒之称。烧酒的酿造技术是制酒史上一个划时代的进步。

三、酒之用——酒的功过是非

酒的功过是非，古人多有评论。

酒之功，颂誉甚多：琼浆玉液，美酒佳酿。《招魂》有“瑶浆蜜勺”句，《楚辞》有“椒浆”“吴醴”“瑶浆”“冻饮”词，《诗经》更有“朋酒斯飨”“饮此湑矣”诸诗句。这些都是对美酒佳酿的肯定和赞美。

酒对武士能壮英雄胆，“三杯通大道，一斗合自然”，战气百倍，神力拔山。酒对文人，“酒为翰墨胆，力可夺三军”；斗酒诗百篇，“一曲新词酒一杯”。

酒是一种特殊的文化载体，在特定的环境下，依人品酒德有其特殊的贡献。东汉末年有孔融对“酒之德”的歌颂：

酒之为德，久矣。古先哲王，类帝柽宗，和神定人，以济万国，非酒莫以也。故天垂酒星之曜，地列酒泉之郡，人著旨酒之德。

尧非千钟，无以建太平；孔非百觚，无以堪上圣；樊哙解厄鸿门，非彘肩卮酒，无以奋其怒；赵之厮养，东迎其王，非引卮酒，无以激其气；高主非醉斩白蛇，无以畅其灵；景帝非醉幸唐姬，无以开中兴；袁盎非醇醪之力，无以脱其命；定国非酣饮一斛，无以决其法。故郦生以高阳酒徒，著功于汉；屈原不哺糟醊醨，取困于楚。由是观之，酒何负于政哉！

世间任何事物都有它的两重性，物极必反的道理于酒表现尤为突出。酒对人类的贡献无可非议，“酒能容德且伤生”，酒可怡情，亦可丧志，更能乱性。酒壮英雄胆，古今又有多少豪杰遭辱侵。禹示“后世必有以酒亡其国者”的警世恒言在夏商周三代得到了印证：夏朝末代君主桀与宠妃妹喜饮酒，“无有休时，为酒池可以运舟，一鼓而牛饮者三千人，觭其头而饮之于酒池，醉而溺死者，妹喜笑之，以为乐”，挥霍放纵，致使商汤灭夏朝；商纣王沉湎于酒，常常“以酒为池，悬肉为林，使男女裸相逐其间，为长夜之饮”，不思朝政，误国丧权；周宣王“朝亦醉，暮亦醉，日日恒常醉，政事目无次”；周幽王与爱妃褒姒“日耽于酒”，被申侯请来的犬戎兵杀于骊山之下，西周灭亡！因而有人对酒深恶痛绝，咒骂酒是“祸根”“魔鬼”“毒药”。《清异录》言酒为“祸泉”：“置之瓶中，酒也。酌于杯，注于肠，善恶喜怒交矣，祸福得失歧矣。倘夫性昏志乱，胆张身狂，平日不敢为者为之，平日不容为者为之，言腾烟焰，事堕穽机，是岂圣人贤人乎。一言蔽之，曰‘祸泉’而已！”宗教信徒视酒为“魔”，据佛典《四分律》语：“凡饮酒者有十过失，一者颜色恶；二者少力；三者眼视不明；四者现瞠恚；五者坏田业资生法。六者增致疾病。七者益斗讼。八者无名称，恶名流布。九者智慧减少。十者身坏命终堕三恶道。”

酒的功过是非，《醒世恒言》中的《西江月》词很是公正、客观：

酒可陶情适性，兼能解闷消愁。三杯五盏乐悠悠，痛饮翻能损寿。谨厚化成凶险，精明变作昏流。禹疏仪狄岂无由？狂药使人多咎。

由此可见，“饮酒知参恶旨意，不为所困方称贤”。饮酒有度适可而止，酒德为上，微醉为妙，“多饮不惑方为贤”。

君子之饮，以“三爵之礼”“小饮之法”为宜。《礼记·玉藻》称“三爵之礼”：

君子之饮酒也，受一爵而色洒如也，二爵而言言斯，礼已三爵而油油以退，退则坐。

君子之饮，三爵而止，礼尚事不过三。以肃敬、和敬、悦敬的彬彬有礼之貌，以“美酒饮到微醉后，好花看到半开时”之势，正合“人之齐圣，饮酒温克”之意。清人阮葵生《茶余家话》中也极力推崇君子之饮“温克”的“小饮”之法：

几亭《小饮壶铭》曰：“名花忽开，小饮；好友略憩，小饮；凌寒出门，小饮；冲暑远驰，小饮；馁甚不可遽食，小饮；珍酿不可多得，小饮。”真得此中三昧矣。

“小饮”可得“三昧”，君子之求。何时、何地、何事、何故皆以趣味、滋味、韵味为人生乐事。酒能使人超凡脱俗，更可“百虑齐息，万缘皆空”，让人进入无所思、无所虑、无所求的悠然境界。今人“三杯美酒敬亲人”之举，正是践行古人“三爵之礼”“小饮之法”。此礼此法古人誉之为圣贤之饮，故清酒可称“圣人”，浊酒可谓“贤人”。现代酒业专家沈怡方老先生倡导饮酒如饮茶道的“酒道精神”：饮酒应从容器之器，饮酒之道，品酒之艺，敬酒之礼诸方面体现酒文化的博大精深，以回报上天赐予人类“天之美禄”的惠泽。

四、酒之名——古代名酒

中国古代名酒品种众多，风格各异。古代名酒可分为白酒类、黄酒类、果酒类。各种不同的名酒都有与众不同的个性特征：酱香雅净、清香馥郁、浓香芬芳、蜜香淡雅；醇厚柔绵，清冽甘润，回味悠长，余香不绝，细品慢饮总成趣，你敬我酬两相宜。

中国古代名酒的称谓优雅含蓄，都有它特定的含义。有的以产地冠名，有的以原料命名，还有以酿造方式、酒品色质、风味特色定名。《周礼》中“六饮”的浆、醴、酏等是不同酒的名称；《礼记》中的“玄酒”“清酌”“醴醆”“粢醍”“澄酒”“旧泽”“醷”等是古代美酒的雅号别称。汉代名酒甚多，以不同方式命名的名酒，如稻酒、黍酒、米酒、葡萄酒、甘蔗酒等是以原料命名；如椒酒、柏酒、桂酒、兰英酒、菊酒等又是以添加料谓之；而春醴、春酒、冬酿、秋酿、黄酒、白酒、全浆醪、甘酒、香酒等优质酒却是以酿造季节和酒的色味冠名；至于宣城醪、苍梧酒、中山冬酿、冷绿、鄮白、白薄等，显然是以产地命名。唐代多以“春”名酒，此源于冬酿春熟的成酒过程。荥阳有土窑春、富平有石冻春、剑南有烧春……。清人郎廷极《胜饮编》中列举唐时以“春”名酒的有：瓮头春、竹叶春、蓬莱春、洞庭春、浮玉春、万里春、软脚春等近二十余种皆为名酒佳酿。宋代仍有以“春”命名的名酒传世，如百花春、千日春、锦江春、武陵春、梨花春等。古人对酒的称谓无奇不有，清人顾仲更是直截了当，“敢问酒之大名尊号。余亦笑曰，酒姓陈名久，号宿落”。这都因“酒以陈为上，愈陈愈妙”而谓之。至于古代酒的别称雅号更富诗情画意，如欢伯、壶中物、杯中物、忘忧物、扫愁帚、般若汤、钓诗钩、曲居士、曲道士……

汉代以后，各种名酒佳酿在宫廷盛筵上纷纷登场，在饮食娱乐中扮演重要角色，渐演变为“无酒不成席”，这在古代史籍中多有记载。如宋代张能臣的《酒名记》中收录名酒百余种。宋末元初宋伯仁《酒小史》中所列名酒一百多种，都是从春秋到宋末的美酒佳酿。明代冯时化的《酒史》记载各地名酒更为详细：

西京金浆醪，杭城秋白露，相州碎玉酒，蓟州薏仁酒，金华府金华酒，高邮五加皮酒，长安新丰市酒，汀州谢家红，处州金盘露，广南香蛇酒，黄州茅柴酒，燕京内法酒，关中桑落酒，平阳襄陵酒，山西蒲州酒，山西太原酒，郫县郫筒酒，淮安苦蒿酒，云安曲米酒，成都刺麻酒，建章麻姑酒，荥阳土窟酒，富平石冻酒，池州池阳酒，宜城九酝酒，杭州梨花酒，博罗县桂醑，剑南烧春酒，江北擂酒，灞陵崔家酒，汾州干和酒，山西羊羔酒，安城宜春酒，潞州珍珠红，闽中霹雳春，岭南琼琯酬，苍梧寄生酒，淮南绿豆酒，华氏荡口酒，顾氏三白酒，凤州清白酒，扶南石榴酒，辰溪钩藤酒，梁州诸蔗酒，兰溪河清酒，西域葡萄酒，乌孙青田酒，西竺椰子酒，北胡消肠酒，南蛮槟榔酒。

应该说，冯时化的《酒史》中所列的名酒，只能是中国古代名酒的一部分，多为明代各地贡献朝廷的贡酒。随着时间的推移、历史的变迁，有的名酒更加有名，已经成为当地的文化名片；有的名酒则已消亡，难得一见；更多的改头换面、更名易姓改用新称谓。

综览当今所言的全国八大名酒（1953年第一届评酒会评出）、十八大名酒（1963年第二届评酒会评出）及全国五十八种优质酒，其中有许多都是古代为世人所熟知的传统名酒。不仅白酒类，还有许多黄酒、果酒，都有着它不同寻常的前世今生，都曾在古代酿酒史上产生过重大影响，在人们日常生活中尤其饮食交往中发挥过重要作用。

五、历史名酒

酒助诗兴，诗因酒生。酒有千种，诗绘万象。历代诗人多饮酒，醉语成绝诗百篇。在古今名人题咏美酒佳酿的诗词歌赋中，有多少脍炙人口的经典名句千古传唱！

茅台酒

茅台酒属酱香型大曲酒，香气柔和幽雅，郁而不猛，敞杯不饮持久不散，饮后空杯留香不绝，为该酒之绝珍。茅台酒产于贵州省仁怀县茅台镇，以产地得名。茅台酒厂所在地，名杨柳湾，有一个化字炉，建于明朝嘉靖八年（1529年）。

蜀盐走贵州，秦商聚茅台。

——清·郑珍

风来隔壁三家醉，雨过开瓶十里香。

——酒文化楹联

茅台村酒合江柑，小阁疏帘兴易酣；
独有葫芦溪上笋，一冬风味舌头甘。

——清·陈熙晋

茅台香酿酽如油，三五呼朋买小舟；
醉倒绿波人不觉，老渔唤醒月斜钩。

——清·卢郁芷

汾酒

汾酒属清香型大曲酒，酒液莹澈透明，清香馥郁，入口香绵，甜润，醇厚，爽冽。饮后回味悠长，酒力强劲无刺激。评酒家们评语：汾酒清洁卫生，幽雅纯正，绵甜味长十分突出，是汾酒“三绝”。汾酒产于山西汾阳杏花村，起源于唐代以前的黄酒，后发展为白酒。

唐诗：

清明时节雨纷纷，路上行人欲断魂。

借问酒家何处有，牧童遥指杏花村。

谢觉哉为汾酒厂题诗：

逢人便说杏花村，汾酒名牌天下闻；

草长莺飞春已暮，我来仍是雨纷纷。

郭沫若为汾酒厂题诗：

杏花村里酒如泉，解放以来别有天；

白玉含香甜蜜蜜，红霞成阵软绵绵；

折冲樽俎传千里，缔结盟书定万年；

相共举杯酹汾水，化为霖雨润林田。

五粮液

五粮液酒属浓香型大曲酒，开瓶时喷香突起，浓郁扑鼻，饮用时满口液香，筵席间四座生香，香气悠长，饮后余香不尽，一屋留香。评酒家评语：五粮液吸取五谷之菁英，蕴积而成精液，其喷香、醇厚、味甜、干净之特质，可谓巧夺天工，调和诸味于一体。五粮液酒产于四川省宜宾市，以五种粮食酿造而得名。始酿于唐代。

剑南春

剑南春属浓香型大曲酒，酒液无色透明，芳香浓郁，醇和回甜，清洌净爽，余香悠长，并有独特的“曲酒香味”。评酒家们认为“此酒有芳、洌、醇、甘”四大特点。剑南春产于四川省绵竹县，名源自唐代李肇“剑南之烧春”语。剑南春的前身是绵竹大曲，始酿于清康熙（1662至1722）初年，一九五八年绵竹大曲正式命名为剑南春。今人为赞美千年名酒获新生，颂以诗：香飘剑南春送暖，太白如在应忘归。苏轼赞酒诗句：三日开瓮香满域，甘露微浊醍醐清。

古井贡酒

古井贡酒属浓香型大曲酒，酒液清澈透明如水晶，香醇如幽兰，入杯黏稠挂杯，酒味醇和，浓郁甘润，回味余香悠长。古井贡酒产于安徽亳县，是东汉末年曹操的家乡以“九投法”酿出的有名“九酿春酒”。自明朝万历年间（1572—1620）起，为进献皇朝的贡品；又因由千年古井之水酿制，故以“古井贡酒”得名。

曹操喜饮家乡酒，以“醴自乡流甘如蜜 ”赞之，并有“对酒当歌，人生几何”诗句流传至今。后人称绝古井贡酒：一家饮酒千家醉，一户开坛千里香。

洋河大曲

洋河大曲属浓香型大曲酒，酒液透明无色，清澈，醇香浓郁，口感味鲜而浓，质厚而醇，绵软、甜润、圆正，余味爽净，回味悠长。洋河大曲产于江苏省宿迁市洋河镇，以产地命名。始酿于明代。

明邹缉咏洋河酒：

白洋河下春水碧，白洋河中多沽客，

春风二月柳条新，却念行人千里隔。

饮者口碑：

闻香下马，知味停车。

酒味冲天，飞鸟闻香化凤；

糟粕入水，游鱼得味成龙。

福泉酒海清香美，味占江淮第一家。

董酒

董酒属其他香型，晶莹透亮，浓香扑鼻，有独特的香气。饮时甘美，清爽，满口香醇，饮后嗝香味甜。董酒产于贵州省遵义市，以酿造酒坊临近董公寺而得名。新中国成立后建厂。

今人《戏醉董酒》：

夜作诗歌入格真，且凭董酒长精神。

香迷春晓秋冬客，醉卧东西南北人。

泸州老窖特曲

泸州老窖属浓香型大曲酒。以“无色透明，醇香浓郁，饮后尤香，清冽甘爽，回味悠长”的独特风味闻名于世。评酒家认为：该酒具有“浓香、醇和、味甜、回味长”四大特色。早在明万历年间（1573）就有“舒聚源”老酒坊始酿美酒。泸州老窖产于四川省泸州市，以产地发酵老窖命名。于三百年前的十八世纪已闻名于世。

西凤酒

西凤酒属清香型大曲酒，酒液清澈透明，香气清芬，幽雅馥郁，酒味醇厚，清冽、绵软、甘润。评酒家誉：清芬甘润，酸、甜、苦、辣、香五味俱全，各味谐调而不出头，即：酸而不涩，甜而不腻，苦而不粘，辣不刺喉，香不刺鼻。西凤酒明万历年间产于陕西省凤翔地区。民间流传诗句：

西凤飘香入九霄，衔杯却赞柳林豪；

五味俱全真醇美，博得今古誉声高。

全兴大曲酒

全兴大曲酒属浓香型大曲。酒液无色，清澈透明，醇香浓郁，和顺回甜、味净。行家评价："此酒曲香、醇和、味净最为显著。举杯即能感到它的特殊风韵。"该酒产于四川省成都市，始建于清朝道光四年（1824年）。

雍陶诗句：

自到成都烧酒熟，不思身更入长安。

陆游诗句：

益州官楼酒如海，我来解旗论日买。

双沟大曲

双沟大曲属浓香型大曲酒，酒液清澈透明，以"芳香扑鼻、风味纯正、入口甜美、醇厚、回香悠长”的独特风格著称于世。产于江苏省泗洪县双沟镇，以产地命名。宋代双沟镇便生产大曲酒。

北宋御史唐介被贬路经双沟渡淮河诗云：

圣宋非狂徒，清淮异汨罗。

……

斜阳幸无事，沽酒听渔歌。

口子酒

口子酒属浓香型大曲酒，该酒无色透明，芳香浓郁，入口柔绵，纯正、甘美、清冽、爽适、后味回甜、余香悠长、清馨。口子酒产于安徽淮北市濉溪镇，始于宋代。

六、古代诗人咏名酒诗

桑落酒：

不知桑落酒，今岁谁与倾。色比凉浆犹嫩，香同甘露永春。十千提携一斗，远送潇湘故人。不醉郎中桑落酒，教人无奈别离情。

新丰酒：

清歌弦古曲，美酒沽新丰。新丰有酒为我饮，消取故园伤别情。心断新丰酒，销愁斗几千。新丰美酒斗十千，咸阳游侠多少年。

菊花酒：

他乡共酌金花酒，万里同悲鸿雁天。今日登高樽酒里，金菊清香满手传。

茱萸酒：

茱萸酒法大家同，好是盛来白碗中。暖腹辟恶消百病，延年胜过枸杞羹。

蓝尾酒：

岁盏后推蓝尾酒，春盘先劝胶牙饧。李白醉去无醉客，可怜神采吊残阳。

法酒：

法酒调神气，清琴入性灵。引来陶彭泽，醉去阮步兵。

松醪酒：

松醪酒好昭潭静，闲过中流一吊君。十分满盏黄金液，一尺中庭白玉尘。对此欲留君便宿，诗情酒分合相亲。

长安酒：

高歌长安酒，忠愤不可吞。劝君多买长安酒，南陌东城占取春。

圣酒、刘郎酒：

圣酒山河润，仙文象纬舒。莫辞更送刘郎酒，百斛明珠异日酬。

屠苏酒：

书名荟萃才偏逸，酒号屠苏味更熟。懒向门前题郁垒，喜从人后饮屠苏。

七尹酒：

杯尝七尹酒，树看十年花。欲知多暇日，樽酒渍澄霞。

南烛酒：

饱闻南烛酒，仍及拨醅时。开瓶泻尊中，玉液黄金脂。持玩已可悦，欢赏有余滋。

元正酒：

十载元正酒，相欢意转深。谢将清酒寄愁人，澄澈甘香气味真。

松花酒、松叶酒：

闲检仙方试，松花酒自和。松叶堪为酒，春来酿几多。时招山下叟，共酌林间月。尽醉两忘言，谁能作天舌。

乳酒：

山瓶乳酒下青云，气味浓香幸见分。莫笑田家老瓦盆，自从盛酒长儿孙。

尧酒：

湛露浮尧酒，熏风起舞歌。熏到路行人，也醉凭栏客。若问何处有？江南一路酒旗多。

声闻酒：

何事文星与酒星，一时钟在李先生。高吟大醉三千百，留着人间伴月明。何年饮着声闻酒，直到如今酒未醒。

三昧酒：

祇树夕阳亭，共倾三昧酒。吟抛芍药栽诗圃，醉下茱萸饮酒楼。惟有日斜溪上思，酒旗风影落春流。

般若酒：

般若酒冷冷，饮多人易醒，万古醇酎气，结而成晶莹。降为嵇阮徒，动与尊叠并。不独祭天庙，亦应邀客星。 琥珀酒：北堂珍重琥珀酒，庭前列肆茱萸席。闪闪酒帘招醉客，深深绿树隐琉璃。

黄醅酒：

世间好物黄醅酒，天下闲人白侍郎。不负风光向酒杯，乱逐明月醉扶墙。

柏叶酒：

瓶开柏叶酒，牌发九枝花。夜深无睡意，收席醉搓麻。

羊酒、芦酒：

壮色排榻席，别座夸羊酒。黄羊饮不膻，芦酒多盈斗。千杯不倒下，污物醉煞狗。

腊酒：

晰晰燎火光，氲氲腊酒香。腊酒击泥封，罗列总新味。 王瓶素蚁腊酒香，金鞭白马紫游缠。

文君酒、曹参酒：

始酌文君酒，再饮曹参杯，祢衡酒醒春瓶倒，恰似娇娥玉颜回。

仙酒：

仙酒不醉人，益我俗人身。酒味既冷冽，酒气又氛氲。眼前舞凌乱，送我上青云。

菖蒲酒、乌程酒：

千种紫酒荐菖蒲，松岛兰舟潋滟居。金觚几醉乌程酒，鹤舫把蟹闲吹嘘。

延枚酒、蛮酒：

预约延枚酒，虚乘访戴船。蚁泛羽觞蛮酒腻，凤衔瑶句蜀笺新。

黄封酒、临洛酒：

新年已赐黄封酒，旧老仍分赧鱼尾。北人争劝临洛酒，云有棚头得兔归。

罗浮春、葡萄春、芳春酒、春酒：

一杯罗浮春，远饷采薇客。九酿葡萄春，朱门金叵罗。月照芳春酒，无忘酒共持。一尊春酒甘若饴，丈人此乐无人知。

白玉腴酒、赤泥印酒：

往时看曝石渠书，白酒须饮白玉腴。滑公井泉酿最美，赤泥印酒香寰宇。

扶头酒、玉卮醪酒：

一壶扶头酒，泓澄泻玉壶。不如且置之，饮我玉卮醪。美酒浓香客要沽，门深谁敢强提壶。

余杭酒、青田酒：

十千兑得余杭酒，二月春城长命杯。忘情好醉青田酒，日落西山客忘归。

鲁酒、蜀酒、户县酒、浔阳酒：

鲁酒若琥珀，汶鱼紫锦鳞。蜀酒浓无敌，玉液出蜀门。瓶中户县酒，墙上终南云。浔阳酒甚浓，气味时时熏。

中山酒、成都酒：

闻道中山酒，一杯千日晕。岂无成都酒，还须细细品。美酒成都堪送老，当垆仍是卓文君。

临邛酒：

不知一盏临邛酒，救得相如渴病无。

桂酒：

大夫芝兰士蕙蘅，桂君独立冬鲜荣。无所慑畏时靡争，酿为我醪淳而清。甘终不坏醉不醒，辅安五神伐三彭。谁其传者疑方平，教我常作醉中醒。

蜜酒：

珍珠为浆玉为醴，六月田夫汗流泚。不如春瓮自生香，蜂为耕耘花作禾。一日小沸鱼吐沫，二日眩转清光活。三日开瓮香满城，快泻银瓶不须拨。侍婢金鞩泻春酒，春酒盛来琥珀光。

杜康酒：

沃以一石杜康酒，醉心还与愁碰面；街头酒价常苦贵，方外酒徒稀醉眠。

七、陶醉酒文化

在上下五千年的历史长河中，流传多少与酒相关的人与事。政治上的成败，军事上的胜负，酒的文治武功世代传颂。儒家在酒上重理（礼），“人人送酒不曾沽，终日松间挂一壶”；道家在酒上重性（情），“蓬瀛三岛至，天地一壶通”。超凡脱俗的古代文人，“有酒学仙，无酒学佛”，把酒文化推向别样境界！“清圣浊贤”的艺术家与酒更是难分难解，醉意触动遐思灵感，陶醉悟性诗情画意；挥毫而龙飞凤舞，是酒渗墨中；著文而笔下生花，是酒助神工！曲水流觞是诗人的风雅饮韵，围炉温酒，聊茶事酒又是诗朋画友的闲情乐事。

酒席宴上的政治，古有“鸿门宴”也有“酒令杀人”的故事，“鲁酒薄而邯郸围”“酒为翰墨胆”“酒中避世”“装醉避祸”，可“醉计试将”“萧规曹随”，而“杯酒释兵权”借酒施计，稳固江山！

酒的典故、酒的轶闻趣事史载甚多：“文君当垆”“妒妇下酒”“杀姬劝酒”都是女人与酒的故事；“青梅煮酒”“汉书下酒”“以书佑饮”可“载酒问字”，更可“醉赋险韵”“醉颠画僧”。虽“郑玄海量”“酒有别肠”与“葛中漉酒”无关，只要“樽中酒不空”，有“杖头钱”，还可“金龟换酒”“金貂换酒”，更况“偷酒不拜”“盗杯不罪”，且“罚酒赏器”呢?

古代文人雅士对酒情有独钟，与酒终身为伴，“住世为酒人，出世为酒仙”，嗜酒狂饮醉留名，别称雅号传古今：“夜夜遣人沽”的王绩自称“五斗先生”；“日日醉如泥”的李白自谓“酒仙”；“但遇诗与酒，便忘寝与餐”的白居易雅号“醉吟”，别称“醉司马”；元结称“醉民”，蒋济呼“酒徒”；阮籍、饶宽都称“酒狂”；“醉翁”为欧阳修；善酿佳饮的汝南王李琎誉为“酿王”“曲部尚书”；皮日休雅号“醉士”“醉朋”，另称“醉髡”；为求刘邦一见，郦食其自报“高阳酒徒”……

诗人与酒结缘，“酒渴思吞海，诗狂欲上天”，酒助诗兴，“俯仰各有态，得酒诗自成”，促使历代诗歌的繁荣。西晋的陶渊明酒诗占他一生中所作诗的一半；唐代更盛，《全唐诗》集诗四万两千八百六十三首，与酒相关的诗篇约一万两千首。以李、杜最著，李白现存诗歌中有一百七十首言酒，杜甫现存与酒相关的诗有三百余首之多。酒文化作用于诗文化，诗酒交融所产生的诗酒文化最直接、最显著。

诗人咏酒成诗，文人言酒成著，对酒的知识、酒的酿造、饮酒方式、饮酒礼俗等十分精通，在古籍史载中有许多著名的酒著、酒典就出自他们长期饮酒的实践中，一些经典的饮酒佳话就出自他们的笔下。不少文人学士写下品评鉴赏美酒佳肴的名作，留下不朽的酒神佳话。如《东坡酒经》寥寥数百字，诗文丰美，多涉酒事，字字值千金。从制饼、制曲到酿造出品无不备述。又如刘伶作《酒德颂》、白居易作《酒功颂》、王绩著《酒经》、袁山松作《酒赋》，明沈炯、清陈叔宝都作《独酌谣》等，都是酿酒酒醴的传世力作，尽言饮酒乐趣。史上还有《酒政》《酒评》《酒德》《酒戒》《酒箴》《觞政》等酒事名典，多讲酒宴礼仪，礼饮规范，劝世人节饮并概述酒宴的饮酒文明，都出自实践真知。

饮酒是一种境界颇高的精神享受，饮酒真正价值的体现正是酒文化的核心。以一种超然的心态对待人生，善待一切世事，淡泊宁静，清心养神更是古人延年益寿的秘诀。白居易自誉"醉吟先生"，其《醉吟先生传》的闲而诗、诗而吟、吟诵而笑、笑而饮、饮而醉、醉而又吟的"陶陶然，昏昏然，不知老之将至"，就是古代文人境界。其心境达到某种高度，甚至如《庄子·达生》中所言："醉者神全，即使坠马也，不会伤筋动骨。"文人雅兴，对酒的热爱，对饮事有许多独特见解。《檀几丛书全集》卷下昊彬的《酒政三则》就从饮酒的人、地、候、趣、禁、阑等全方位进行阐述：

饮人：高雅、衰侠、直率、忘机、知己、故交、玉人、可儿。

饮地：花下、竹林、高间、画舫、幽馆、曲石间、平嘻、荷亭。另，春饮宜庭，夏饮宜郊，秋饮宜舟，冬饮宜室，夜饮宜月。

饮候：春效、花时、情秋、瓣绿、寸雾、积雪、新月、晚凉。

饮趣：清谈、妙今、联吟、焚香、传花、度曲、返棹、围炉。

饮禁：华诞、座宵、苦劝、争执、避酒、恶谵、唷秽、佯醉。

饮阑：散步、歌枕、踞石、分匏、垂钓、岸岸、煮泉、投壶。

古代筵席最能体现酒文化的实用价值，同时又把酒文化由感性提升到理性，上升到人类文明的高度。明代文学家袁宏道酒量虽浅却嗜饮，闻酒卖声应声而随，遇知已共饮至通宵达旦。微醉得雅趣，陶醉寻真味，针对民间村众酒徒饮酒不雅、饮法不当、酒风不正、酒礼不规，作《觞政》，揭恶习一针见血，劝礼饮情真意切，倡导饮法循规蹈矩。可谓是古代饮食文明的礼仪大全。故“凡为饮客者，各收一帙，亦醉乡之甲令也”。

【第七章】

现代宴席举要

华夏文明上下五千年，中国宴席是中国饮食文化的大汇演，是人们礼尚往来在饮食方面的具体体现，宴席文化促进人类社会的进步，传承人类文明的发展。

古代筵席，现代宴席的不同称谓，只是历史跨度的时差区分，它的最初定义、根本属性、文化内涵并没有实质性的改变。可以肯定，政通人和，国富民强永远是推动宴席变迁发展的根本，是现代宴席提高品质的关键。新中国宴席的新面貌，古风今韵并存，新世纪宴席的新气象，精雅粗细皆备。

现代宴席的发展，表现在宴席形式的多种多样，是对古代筵席的扩容增量，转型升级。新中国与国际外交活跃，与世界交往大大增加，使现代宴席在种类、形式上发生较大变化。

一、现代宴会的种类

现代宴会是各国通行的宴请方式。同古代筵席相比，现代宴会由繁到简，礼仪也没有那么繁琐，菜肴数量相对固定。现代宴会按就餐性质可分为正餐宴会和非正餐宴会；按宴请的时间可分为午宴和晚宴，一般比较重要的礼仪活动都采用晚宴形式；按宴会的菜品质量、消费水平可分为高档宴会、中档宴会和低档宴会；按宴会等级与外交礼仪可分为国宴、正式宴会、便宴、家宴及各种招待会。

1.国宴

国宴是国家元首或政府首脑为国家的庆典或为外国元首、政府首脑来访而举行的正式宴会，其仪式隆重、规模较大，有一整套的礼仪程序。宴会厅内要悬挂国旗，安排乐队演奏国歌及席间宴乐，席间有致辞、祝酒等。

2.正式宴会

正式宴会与国宴的区别是不挂国旗，不奏国歌，其他的仪式安排与国宴大致相似。这一般是由政府官员以国家或职能部门的名义宴请的一种宴会形式。其宴请对象较广泛，宴请规格较多种。正式宴会强调形式，讲究礼仪，注重场景，宴席内容较丰富。

3.便宴

便宴是一种非正式的宴会，其形式比较简便，可以不排席位，不作正式讲话，宴请的规格可随客人的身份而定。

4.家宴

家宴是在家中设宴招待客人的一种形式。家宴的特点是形式灵活、气氛轻松愉快，菜点具有浓厚的家庭气息。

5.自助餐宴会

自助餐宴会又称冷餐会。这种宴会的形式特点是不排席位，菜肴以冷菜为主，热菜（需保温）、点心、水果为辅，讲究菜薹设计，菜点陈设在菜薹上，供宾客自取。宾客可根据自己的需要，多次取食。自助餐宴会根据主、客双方的身份，招待规模、宴请档次可高可低。举办的时间一般为中午12时至下午2时或下午5时至7时。冷餐会适用于商务洽谈和官方正规活动，宴请的人数可多可少、灵活多变。自助餐宴会现已被越来越多的接待部门采用。

6.鸡尾酒会

这种宴会形式较活泼，宴会以饮品为主，略备小吃，不设座椅，便于客人随意走动，互相交流。

鸡尾酒是采用各种水酒调制而成的一种混合饮料。在鸡尾酒宴会上，不一定都饮鸡尾酒，还可配些调味酒、果汁等，少用或不用烈性酒。

7.茶会

它是一种日常随意的交际方式，多半是妇女主持招待客人时的形式，在外交场合中也偶尔采用。它的特点是：通常在下午4时至6时开始，很少在上午举行，时间较短，不超过两小时；仅备茶点，很少设酒馔；客人不必按时到离，比较自由随意。

除上述几种宴会外，我国还有许多风味特色宴会，如海参宴、鱼翅宴、燕窝宴、全鸭宴、全羊宴等。随着我国经济建设的发展、对外开放的影响和消费结构的变化，各地又出现了许多新的宴会形式，诸如烧烤宴、火锅席、风味小吃宴等等。随着社会的发展，将会出现更多更富有新意的宴会形式。

二、国宴、正式宴会

国宴的布席形式多种，多依宴会主题、规格档次及宴会场地空间而定。但正规、大型的国宴布席在横排中央一般设有五桌主宾席，主桌一般有16—18 人位，主要是党和国家领导人和重要贵宾。除主宾席之外的餐桌每桌布10 人位的圆桌。多年来，除2010 年使用的长桌席外，多采用大圆桌。大圆桌是中国传统的就餐形式，圆桌圆满，象征着主客彼此间更为平等的关系。

盛大国宴多在人民大会堂举行，而钓鱼台国宾馆主要接待小范围、规模不大的国宾任务。国宾的国宴菜选料精致，精工细作，强调传统，注重新味，中西结合，合理配膳，讲究养生保健，极力体现清鲜淡雅、醇和隽永的风格特色。

钓鱼台养源斋是国宴活动场所之一。养源斋环境优美，院中景色宜人。远处西山泉水由玉渊潭流入院中，纵贯南北，曲折婉转于亭台楼阁和花木石桥之间。养源斋是同乐园中较大的一个庭院，为当年乾隆皇帝休息之处。斋前回廊围绕，叠石为山，淙淙溪流汇成一池碧水。室内布置典雅，陈设古朴，挂名家古画，摆古董珍宝。养源斋的国宴菜以清鲜淡雅著称，汇集各地美味佳肴，色、香、味、形均为上乘，较著名的菜肴有：烤乳猪、烤全羊、烤鹿肉、羊肉串、白汁鹅掌、白汁鼋鱼，白汁鹿筋、桃汁鸭方、当红仔鸡、雀巢明虾、猴头素烩、罐焖鹿肉、罐焖鼋鱼、小笼牛肉等，还有广东风味的清炖鱼翅，北京风味的黄焖鱼翅，福建风味的佛跳墙等等，不计其数。各种知名小吃应有尽有，如龙须面、萝卜烧饼、淮安茶馓、扬州汤包、四川担担面及仿膳的宫廷点心，穿插在宴会菜肴之中，锦上添花。养源斋国宴餐具的选择也独具匠心，依宴会分餐制的形式、特点，多采用小型精品餐具，如宜兴紫砂小汽锅、小莲子罐，景德镇特制的青花瓷器，张家口的铜制小火锅等，个个精巧，样样别致。此景、此境、此味、此情，令人陶醉！

1.开国第一宴

1949 年10 月1日，在首都北京天安门广场隆重举行的开国大典，标志中国历史翻开了崭新的一页，当晚，中央人民政府在北京饭店举行新中国第一次盛大国宴。中共中央领导人、中国人民解放军高级将领、各民主党派和无党派民主人士、社会各界知名人士、国民党军队的起义将领、少数民族代表，还有工人、农民、解放军代表，共600 多人聚集在北京饭店宴会厅，为新中国的诞生举杯祝贺。宴会以淮扬风味菜点招待宾客，开国第一宴菜品质朴、清鲜、醇和，来宾对菜点给予了高度评价。为国宴的精陈简约定下了基调。

据资料记载，政务院典礼局长与当时的北京饭店经理商量后，报请周恩来总理同意，引经营淮扬菜的北京“玉华台”进店，调来朱殿荣、王杜昆、杨启富、王斌、孙久富、景德旺、李世忠等几位名厨。总厨师长由朱殿荣担任。宴会上，周恩来总理发表了热情洋溢的讲话。朱德总司令也向来宾们祝酒。

开国第一宴菜单有：

点心：炸年糕、艾窝窝、黄桥烧饼、淮扬汤包。

冷菜：兰花干、麻辣牛肉、四宝菠菜、炝黄瓜条、桶子笋鸡。

热菜：扬州蟹肉狮头、全家福、东坡肉、鸡汤煮干丝、口蘑罐焖鸡、清炒翡翠虾、鲍鱼浓汁四宝、香麻海蜇、虾籽冬笋、罗汉肚、镇江肴肉。

甜点：菠萝八宝饭。

水果：时令水果拼盘。

2.十年大庆国宴

1959 年10 月1日，是中华人民共和国成立十周年国庆。十年大庆的国庆宴会无论其规模、档次较开国第一宴有明显的提高。高规格、高档次充分展示十年成果，十年辉煌。尤其是人民大会堂的落成，宴会大厅的启用，十年大庆的国庆宴会创造了规模最大、档次最高、人数最多等中国宴席史上的多个之最。

规模最大

1959 年国庆前夜，党和国家领导人在人民大会堂宴会大厅举行盛大的国庆招待会，招待来自八十多个国家和地区的贵宾和国内各界人士，庆祝中华人民共和国成立十周年。参加宴会人数多达5000 余人。规模之大，创中国宴席史之最。

级别最高

当晚7 时10 分，毛泽东、刘少奇、宋庆龄、董必武、朱德、周恩来陪同来宾在《东方红》乐曲声和雷鸣般的掌声中步入宴会大厅。主席台上浅棕色的帷幕上，挂着巨大的国徽和“1949—1959”的大字横幅。铜管乐队和民族乐队奏起迎宾曲。祖国各地、各条战线的代表和来自世界各地的贵宾欢聚一堂，整个宴会洋溢着国际主义大团结和和平友好的热烈气氛。

菜点丰盛、菜肴精美

宴会菜点分冷菜、热菜、点心、水果，十分丰盛、考究。十一道冷菜，七荤四素。

七荤：麻辣牛肉、桂花鸭子、叉烧肉、熏鱼、桶仔鸡、松花蛋、糖醋海蜇。

四素：炝黄瓜、姜汁扁豆、鸡油冬笋、珊瑚白菜。

二道大菜：元宝鸭子、鸡块鱼肚。

主食：大蛋糕。

水果：多种。

另专设了35桌素席和清真席。

3.国庆20周年招待会

冷拼五道：叉烧肉、酱牛肉、虎皮鸡蛋、花生米、酸甜藕片。

热菜三道：酱鸭、陈皮鸡、盐水大虾。

点心三道：月饼、蛋糕、小面包。

水果：哈密瓜。

4.近年来“四菜一汤”的国庆招待宴

建国初期，周恩来总理曾对国宴定下规矩：国宴标准为“四菜一汤”。此后半个世纪，基本执行这个标准。1965 年毛泽东主席也曾指出：我国宴请外国人用餐，“有四菜一汤”就可以了。这是新中国国宴改革的重要依据。进入80 年代，随着国内、国际形势发展的需要，国宴标准进行进一步的调整，其中包括1980 年10 月1日起实行的礼宾改革。1984 年11 月外交部根据中央和国务院领导的指示，对党和国家领导人重要国务活动包括外事接待的宴请，做出更具体的人均消费标准的规定，同时对国宴的形式，宴请的范围，参加人数等也有许多改进。如自1987 年起，宴请的形式多采用分餐制。分餐制改变了传统的多人一席、一桌多菜、同桌共餐的团餐用膳，成为一客一式的个客用餐方式。分餐制既卫生、方便，又与西餐的进餐方式接轨，更能满足现代人的崇尚需求。总的趋势是越来越方便人们进餐。“四菜一汤”的格局，是新中国领导人始终如一的宴式坚守，在近年的国庆招待会上充分展示：

2009 年：冷盘、干贝银丝汤、清炒虾球、酱烧小牛排、茭白鲜蔬、柠香银鳕鱼、点心（月饼、花雪蛋糕）、水果（大雪桃）。

2010 年：冷盘、干贝银丝汤、葱烧海鲜、酱烧牛排、彩条鲜蔬、柠香三文鱼、点心、水果。

2011 年：冷盘、松茸海鲜、酱香牛排、板栗鲜蔬，烤三文鱼、西米杏仁酪，点心、水果。

2012 年：冷盘、干贝银丝汤、葱烧三鲜、酱烧牛肉、草菇盖菜、煎烤三文鱼、点心、水果。

2013 年：冷盘（莲藕、芹菜、鸡肉、鱼柳）、干贝银丝汤、珍菌海鲜、酱香牛排、清炒芥蓝、煎烤三文鱼、点心、水果。

四菜一汤的格局，一汤的干贝银丝汤是人民大会堂多年不变的保留菜品，原料的精细，定量定制及标准化制作是干贝银丝汤被宾客认可并普遍接受的羹汤。另四菜，就烹调方法烧、炒、烤、煎大体一致。选材基本不离海鲜、牛肉、鱼类、时蔬等。体现“四菜一汤”的实用价值的广泛性和大型宴会的可操作性。

外交部礼宾司前代司长鲁培新在接受《京华时报》采访时透露：“国宴菜通常以淮扬菜为基准，汇集了各地菜系，整理改良而成。以咸味为主要口味，川菜减少了刺激性调料如辣椒、花椒的使用，淮扬菜减少了糖的使用，特点是清淡可口，软烂嫩滑，能够满足国内外大多来宾的要求。菜肴的鱼类、虾类，鸡肉类为主，基本不用猪肉。”国宴菜肴的制定简约但不能简单。“四菜一汤”只是菜肴道数的减少，更重要的是促进菜肴质量的提升，品位的提高，更能体现宴席的档次。人民大会堂国宴厅首任总厨孙应武称：人民大会堂宴会菜，讲究的并不是原汁原味的地道，而是有所改良。因此，人民大会堂国宴菜肴的基本原则：一是“好吃不如爱吃”，二是“可操作性”。“可操作性”是大型宴会出菜的关键，也是中国烹饪与众不同的特色所致。

5.中美建交国宴

70年代初，中美、中日先后实现邦交正常化，是新中国外交史上重大事件。1972年2月21日晚，周恩来总理在人民大会堂设国宴宴请来访的美国总统尼克松夫妇。从宴会主题的确定，宴会菜单的审定到宴会布置、陈设、氛围营造，都在周总理领导下进行。总理的诚心、精心、细心体现大国总理的风范，宴会的圆满成功倾注了周总理的心血！

冷盘7道：黄瓜拌西红柿、盐封鸡、素火腿、酥鲫鱼、菠萝鸭片、广东三腊（腊肉、腊鸭、腊肠）、三色蛋（松花蛋）。

热菜6道：芙蓉竹荪汤、三丝鱼翅、两吃大虾、草菇盖菜、椰子蒸鸡、杏仁酪。

点心7道：豌豆黄、炸春卷、梅花饺、炸年糕、面包、黄油、什锦炒饭。

水果2道：哈密瓜、橘子。

酒水8种：茅台酒、红葡萄酒、青岛啤酒、橘子水、矿泉水、冰块、苏打水、凉开水。

席间，演奏《美丽的亚美利加》《牧场上的家》等四首由周总理事先选定的美国乐曲，将宴会的气氛推向高潮。尼克松总统及夫人对宴会菜肴非常满意，总统夫人亲临厨房与中国大厨交流，学习厨艺，足以说明国宴的圆满成功！

在中午的宴会上，毛泽东主席亲自为宴会增添了三道菜，并指定由中南海厨师程汝明做好后送到钓鱼台（当时美国总统下榻于此）。毛主席钦点的三道菜：烧滑水、鱼翅仔鸡、牛排，既照顾到西方人的饮食习惯，又体现东方美食的精妙绝伦，同时也蕴涵深刻的寓意。据程汝明大师介绍，其中的烧滑水，选用大青鱼，取鱼的尾部做主料，鱼的尾部是鱼最有力的部位，鱼游时鱼尾控制鱼游的方向，起领航掌舵助推作用。钦点此菜，寓意深刻，暗示中美两个大国元首共同推动中美关系的发展。显然，宴会已成为政治外交的重要手段，起到桥梁的作用。其实，宴会作为特殊的社交形式也可改写历史。法国历史学家让·马克·阿尔贝曾在《权力的餐桌》一书中指出："餐桌的艺术是一种统治的艺术。餐桌是一个特别的场所，围绕着吃，可以产生决策，可以张扬势力，可以收纳，可以排斥，可以论资排辈，可以攀比高低，吃饭简直成了最细致而有效的政治工具。"

6.宴请英国女王的国宴菜

1986年，英国女王伊丽莎白二世对中国进行友好访问。访问时间长，参观城市多，饮食要求高，给接待工作带来一定难度。接待部门要求各地高度重视，精心安排，并对菜肴提出：贵精不贵多，菜式要清淡、精致，加插素食和水果。

第一餐：鱼虾溢美

10月12日，女王一行于黄昏时分到达北京，下榻钓鱼台18号楼国宾馆。当晚8时，女王步入18号楼附设的小型餐厅，开始品尝第一顿中式晚餐。菜式中有葱炒牛肉、梳子黄瓜、茄汁鱼片、凤尾虾、香橙鸭子和汽锅花菇汤。头两道菜是冷盘，其他为热炒及大菜。汽锅鸡是用云南特产的汽锅炖成，不失原味，异常香醇。这一顿便餐使女王甚为满意。溢美鱼虾多滋味，先声夺得女王欢。

第一宴：名不虚传

在北京的第二天，女王参加盛大的欢迎仪式后，当晚出席国家主席李先念特设的国宴。国宴果然名不虚传，菜式颇为精巧别致。其中一道茉莉鸡糕，用茉莉鲜花和鸡茸制成的晶亮造型，是冷盘中的精品。有一味四川名菜“小笼二样”，是在精致小竹笼内盛粉蒸肉食，通常为牛肉及鸡肉，略带微辣，有开胃作用。另一味“佛跳墙”，乃福建名菜，内中18种原料，包括鲍鱼、火腿、鱼翅，经十多个小时煨炖而成。

国宴的菜单也很别致，上面印有傅抱石的名画《江山如此多娇》，并饰以红黄两色绶带，象征中国国旗的颜色，菜名分别用中英文注出，贵宾们多将菜单留作纪念。隆重高规格的国宴，深厚的饮食文化底蕴让女王真正体会到中华大地物产如此富饶！

午宴便餐，更具特色

女王在北京的第三天，出席邓小平设的午宴，菜式与国宴迥然不同，只有简单数味。黄扒鱼翅是用江南大闸蟹的蟹黄调制，味道特别鲜美；烤全羊为蒙古名菜，以嫩羊制作，成双出桌，斩件奉客，比之粤菜烧乳猪更为隆重；龙井豆腐也很别致，杭州有龙井虾仁，龙井豆腐则比较少见，取其清淡、水嫩特性。

同一日下午，胡耀邦总书记招待女王品尝仿膳点心。由清末御厨传下的数款宫廷美点是：栗子面小窝头、豌豆黄、龙须面、莲蓉饼、小寿桃及肉馅黑珍珠等。宫廷仿膳让女王品味到中华小吃的经典。

黄浦江畔鸭藕飘香

女王一行第四日到达上海，当时的江泽民市长在西郊宾馆的水上餐厅设宴招待。

第一道冷盘用北瓜作为盛器，内有素鸡、鱼肉、甜酸藕等。北瓜皮表面刻有山水花鸟及“欢迎女王陛下”字样，女王十分喜爱，欣赏良久，表示希望带一只回国作为纪念。

热炒菜式有一味水晶虾仁，用淡水虾制成，为江南名菜。大菜有锦江烤鸭，为锦江饭店名菜。汤菜为冬瓜盅，广东名菜。三色小点包括血糯甜圆子、荷叶包饭、小笼包。血糯乃上海特产，是一种血红色的糯米，有补血效用。南方菜点的精巧、别致深得女王及其丈夫爱丁堡公爵的喜欢。

西安别味，昆明异香

西安、昆明等地的美食，别味异香独具特色，更让女王一行大饱口福。白金汉宫王室单调的黄油、面包、煎培根也难与中华小吃、早餐便饭相比。在遍尝神州名菜点之后，女王对中国菜的印象大为改观，往日的不佳印象早已抛在脑后。五千年灿烂文明凝聚而成的中式菜肴终于征服了吃惯西餐的英国女王。

7.宴请英国首相梅杰菜单

1991年9月，英国首相梅杰访问中国。宴请菜单如下：

主菜：鸡吞群翅、烤酿螃蟹、鲜菇烩湘莲、纸包鳟鱼、推沙望月汤。

小菜：炮绿菜薹、紫菜生沙拉、凉拌苦瓜、炸薄荷叶、樱桃萝卜。

点心：豆面团、六三卷、炸馓子、汤圆核桃露。

水果：新疆哈密瓜。

8.欢迎北京奥运会五大洲贵宾宴会

2008年8月8日中午，国家主席胡锦涛举行隆重宴会，欢迎来京出席北京奥运会开幕式的五大洲贵宾。宴会正餐包括一道冷菜，一份汤和三道热菜。

冷盘是宫灯拼盘，由水晶虾、腐皮鱼卷、鹅肝批、葱油盖菜和千层豆腐糕拼成。

汤是瓜盅松茸汤。

热菜三道：荷香牛排、鸟巢鲜蔬、酱汁鳕鱼。

主食：面包、黄油。

小吃是北京烤鸭。

餐后甜品：一道点心、一道水果冰淇淋。

酒水：长城干红、长城干白和白开水。

9.宴请奥巴马的国宴菜单

2009年11月17日晚，国家主席胡锦涛宴请美国总统奥巴马的国宴菜单：

冷盘（多味拼）、中式牛排、清炒茭白芦笋、烤红星石斑鱼、翠汁鸡豆花汤。

甜品：水果冰淇淋。

10.南京华商会宴会

由南京承办的第六届世界华商大会于2001年9月16日晚在南京国展中心举办开幕欢迎宴会。参加宴会的境外来宾及国内代表达5000余人，南京金陵饭店等十家高星级酒店共同承担宴会的服务工作。宴会设150人的长条形主桌、12人桌的圆桌副桌。宴会菜肴分主桌菜单、副桌菜单、全素席菜单三式。

欢迎宴会主桌菜单

各客冷盘（烟熏鲈鱼、盐水鸭、如意腐衣卷、蓑衣黄瓜）

两小碟（兰花生、拌凉瓜）

鲍汁瓜茸（活鲍、冬瓜茸）

金陵双贝（锅贴干贝、金陵扇贝）

富贵焗鳜鱼（配金秋素烩）

酥皮竹荪翅（竹荪、鱼翅）

金陵美点（金陵方糕、芝麻香葱饼）

各客水果盘

欢迎宴会副桌菜单

南京盐水鸭（十寸圆盘）

三鲜卤烤麸（十寸圆盘）

什锦团圆菜（十寸圆盘）

玫瑰露仔鸡（十寸圆盘）

蒜茸脆凉瓜（十寸圆盘）

丹麦提子包（十寸圆盘）

美点齐争辉（六寸吐司盘）（松仁豆沙月饼、芝麻甜餐包、黑桃仁吐司、莲蓉糯米糍）

瑶柱炖竹荪（小鱼翅盅）

香酥明虾排（十四寸腰盘）

富贵焗鳕鱼（十四寸腰盘）

金秋鲜水果（十四寸莲花盘）

欢迎宴会全素席菜单

各客冷盘（三鲜烤麸、红椒苦瓜、什锦素菜、秘制红枣、拌指尖笋）

香炸白灵菇

富贵金秋（菱米、银杏、鸡头米、板栗）

珍菌竹荪汤

美点齐辉（松仁豆沙月饼、芝麻甜餐包、桃仁吐司、椰丝糯米团）

水果拼盘

11.上海世博会宴会菜单

荠菜塘鲤鱼

墨鱼籽花虾

春笋相豆苗

一品雪花牛肉

水果

此为2010年4月30日晚，上海世博会招待会菜单，尽显海派风味，以营养、时令、精细著称。

三、迎宾宴席

除国家重大重要国事活动举办的国宴外，各省、市，各地区也承担国宾接待任务和正常的迎来送往的公务接待。尽管没有国宴的高标准、高规格，但各地为尽地主之谊、行待客之道，极力展示地方特色，推出风格各异、独具特色的精美宴席——迎宾宴席。迎宾宴席豪华而隆重，丰盛而讲排场，对礼仪的要求，赋予了极强的象征意味。迎宾宴最具代表性的是70年代，柬埔寨国家元首西哈努克亲王访问各地。大江南北留下亲王的足迹，迎宾宴席尽显中华美味的经典。各省市、各地区推陈出新，争奇斗艳。

北京迎宾席

（1）盐水白鸡、红皮鸭子、酱卤口条、京式红肠、油爆大虾、油焖冬笋、天津松花、广米包菜。

（2）红椒鸡丝、生爆腰肚、抓炒鱼片、火腿吐司。

（3）什锦海参、锅烧全鸭、脆皮全鱼、冰糖银耳、豆沙桃包、葱扒全鸡、一品座汤。

——据北京菜谱编制

上海迎宾席

（1）冷盘：四双拼（三荤一素）。

（2）热炒：清炒虾仁、油爆肚尖、茄汁鱼片、炸烹菊花肫、云腿口蘑。

（3）大菜：蝴蝶海参、香葱扒鸭、松鼠黄鱼、五香手拉鸡、清汤圆蹄。

（4）点心：豆沙糕、酱肉包、菊花酥、蝴蝶饺。

（5）甜菜：雪塔银耳。

（6）茶点：龙井茶。

——《切配技术》

江苏迎宾宴菜单

金陵盐水鸭、八味冷碟、锅贴鸽脯、蟹黄竹蛏、八宝鹌鹑、原盅元菜、栗子焖鸡、叉烤鳜鱼、莼菜鲃肺汤、南塘鸡头。

——此为南京金陵饭店开业宴请菜单

广东迎宾席

孔雀开屏、珊瑚鱼线、凤凰肉卷、发菜绣球、葵花鸭、冬笋虾丝、云腿鸽脯、梅花雪耳、鸡丝烩蛇羹、五柳脆皮鱼、爽口牛丸、花糕、白菜。

——据粤菜教材摘编

湖南迎宾席

六镶拼盘、大烩墨鱼片、清炖鸡块、面包全鸭、八宝果饭、笋子肉丝、红烧鱼、咸菜扣肉、熘猪肝、三鲜汤。

——据长沙岳麓饭店席单

河南迎宾席

（1）四拼八样：牛肉芹菜、筒鸡拼叉烧、松花四季梅、茭白盐水虾。

（2）六品大菜：烧三样（海参、鱿鱼、蹄筋）、爆双脆、炸芝麻里脊、菜心蘑菇、蜜炙寿桃、鲤鱼焙面。

（3）四色饭菜：芥菜肘、四喜丸、黄焖鸡、素烧鹅。

（4）两道汤菜：酸辣肚丝汤、大烩苹果羹。

——据中州菜谱整理

江西迎宾席

（1）井冈杨梅、白切肉片、挂霜彩蛋、白斩鸡块、油炸花生仁。

（2）家乡肉、红白肚尖、木樨蛋、小炒鱼片。

（3）蝴蝶海参、八宝葫芦鸡、火方冬瓜、鱼腐、烩松子蛋、果子扣肉、南北相亲、醋熘全鱼、三鲜银耳汤。

（4）韭菜肉丝、红椒千张。

（5）香茶各盏。

——宜春厨师张洪萍提供

四川迎宾席

（1）冷碟：灯影牛肉、香酥鸭、红油心舌、珊瑚萝卜。

（2）大菜：红烧仔蹄筋、香酥全鸡、清蒸肥头、宫保兔花、酿青椒、鲜熘里脊丝、冰糖银耳（带香酥粉果、豆沙酥角）、奶汁鸡皮菜头汤（带鸡油方酥）。

（3）绍酒、水果。

——录自《川菜烹调技术》

武汉迎宾大席

（1）四冷三拼：盐水白鸡、红皮鸭子、金华火腿、五香熏鱼、生炝河虾、油焖冬笋、湖彩松花、糖醋蜇皮、凉拌黄瓜、太仓肉松、叙府糟蛋、广东烧鹅。

（2）四热双炒：干烧紫鲍、油煸冬笋、绣球干贝、花酿冬菇、爆鱿鱼鱼筒、茄汁鱼片、油煎鸡塔、鸽蛋吐司。

（3）七道大菜：红扒排翅、琵琶大虾、挂炉填鸭、八宝全鸡、甜蛤土蟆、清蒸鲥鱼、什锦火锅。

（4）四果四点：蜜橘、龙眼、苹果、广柑、烧麦、豆皮、酥饼、松糕。

（5）两道茶食：芝麻豆茶、碧螺春茶。

——据武汉市餐馆菜单整理

湖北迎宾席

（1）青松迎宾：琥珀桃仁、冰糖蜇皮、凉拌鸡丝、松花彩蛋、油焖冬笋、酥炸红袍。

（2）油爆肚尖、软熘鱼条、清炒虾仁、爆炸鸭杂。

（3）三丝鱼翅、葱油香鸭、原笼米圆、板栗鸡块、应山滑肉、粉蒸碗鱼、散烩八宝、峡口明珠。

（4）四喜烧麦、麻蓉大包。

吉林迎宾席

（1）四凉盘：酱肉、拌肉丝白菜、切灌肠、切松花蛋。

（2）十大菜：炸里脊、滑熘里脊、青椒肉段、红烧黄鱼、肉片烧茄子、扒三白、拔丝白果、红焖肘子、煎丸子、烩三丁。

（3）一汤菜：氽白肉渍菜粉。

——《吉林菜谱》

扬州迎宾宴席

（1）凉菜：扬州肴肉、花雕醉鸡、阳春萝卜、虾籽春笋、高邮双黄、上素烧鸡、甜酱黄瓜、扬州风鹅。

（2）调味：三和宝塔菜、凉拌红椒丝、春菜鼍豆辨、四美龙须菜。

（3）热菜：参鲍春晖、凤尾虾、宫灯大玉、狮子闹春、金斗鸡米、春回大地、大煮干丝、火夹冬瓜、洲芹香干、扬州炒饭、春江水暖。

（4）农家四宝：椒盐白果、春水马蹄、盐水毛豆、水煮玉米。

（5）淮扬名点：五丁包子、银丝酥饼、难忘今宵。

（6）水果：一帆风顺（西瓜、心里美）。

——扬州烟花三月经贸旅游节“春晖宴”

四、现代仿古宴席

中国筵席既有它的历史延续性，又有它的发展阶段性。延续性促使筵席的历代相袭，传承有续；阶段性引领宴席的转型升级，创新发展。传承不守旧，创新不忘本。筵席创新发展既受客观条件的制约，更受社会因素的影响。只有社会和谐、国泰民安，才有觥筹交错，歌舞升平。这是中国筵席发展的基本规律。

进入80年代，改革开放带来中国宴席高速发展的黄金期。打开国门，请进来，走出去，带来旅游业的发展，促使酒店业档次提升、规模扩大、服务质量提高。随着中国改革开放的深入，国民经济的快速发展，人民生活水平大幅度提高，国际旅游、国内旅游迅速发展，观光旅游、商务会议、度假休闲等人员空间流动，增加了人们对吃、住、行、购的需求。品风味美食、尝特色菜肴、探古宴名席已成为一种时尚。为适应这一需求，全国各地尤其是一些旅游热线城市的各大旅游涉外定点饭店，在文史专家、学者、文化名人的参与下，挖掘整理、精心设计推出许多文化品位极高的仿古宴席，受到人们的欢迎。如济南的大舜宴、曲阜的孔府宴、甘肃的敦煌宴、西安的仿唐宴、开封的仿宋宴、南京的仿明宴和随园宴、北京的仿膳宴等等。借助历史名人、名诗名句、名著名典、名胜古迹等文化资源，提升现代宴席的文化内涵。现代仿古宴已成为中国饮食文化的一枝奇葩。

无锡“西施宴”

“西施宴”的每一道菜名，都包含了一个动人美丽的传说。为使来无锡游览的中外游人领略到中华文化，无锡的厨师翻阅了大量文史资料，收集众多民间传闻，访问西施故里，调查研究浙中风俗民情并根据当地物产，总结了浙江绍兴民间菜、苏州先秦宫廷菜和无锡地方菜，特别是精研了至今传世与西施有关的菜肴名点。推陈出新，兼收并蓄众流派之长，推出了别具一格的“西施宴”，以飨各界人士。

西施宴菜单：

太湖泛舟（头盘加八冷碟）

西施浣纱（上汤与鱼翅制成）

蠡湖飘香（河豚鱼加工而成）

吴宫一绝（用西子舌配太湖白鱼成鱼圆）

苧萝焖肉（以猪肉配以嫩芥菜干焖成）

馆娃玩月（牛蛙腿与鸽蛋制成）

山粉豆腐（葛粉加多种原料调成豆腐羹）

箭泾采香（清蒸草鱼、金银花、香菇、火腿制成）

琥珀银耳（桂圆银耳甜汤）

游凤归隐。（甲鱼乌鸡汤）

此外，还有一品银芽（清茶）、太湖船点和一盘应时水果等。

徐州“美人虞姬宴”

美人虞姬宴为徐州彭城饭店特色宴席，《中国烹饪》《中国食品报》等刊物上曾专门作了重点介绍。该宴是以“美人虞姬”的名字命名的宴席。多年来，为配合徐州市两汉文化旅游，彭城饭店积极收集有关史料，遍访虞姬的踪迹，根据美人虞姬的美丽传说，结合食养保健理论，经过挖掘整理而推出这样一套大宴。美人虞姬宴中，道道菜点、汤点、面点都有典故。

该宴共计25道肴馔：

凉盘8道，热菜13道，汤点4道。其代表菜是：

冷菜：虞溪小虾、颜集套肠、野狍子肉、大缸腊皮、紫竹笋尖、五辛春盘。

热菜：清炖鹿尾、虾仁狮子头、胭脂塘鱼、河蚌莼菜、鲜奶虾仁、梧桐鹧鸪、玉帐小菜、吴中白果。

汤羹：清汤虞美花。

主食：反手乌骓马蹄酥、垓下大饼、虞姬面等。

镇江“三国宴”

镇江是一座具有3500多年历史的文化古城，也是一座“三国”名城。孙权曾在镇江建都。《三国演义》中许多脍炙人口的故事都与镇江有直接的联系。长期以来，镇江的厨师根据《三国演义》的故事情节，创制了不少“三国”菜点，如“火烧赤壁”“草船借箭”“舌战群儒”“桃园结义”“三国鼎立”“卧龙出山”“群英会”等数十道菜点。这些菜点有的寓意深刻，有的象形逼真，各具特色，饶有情趣，体现了镇江人民对“三国”故事的喜爱，对“三国”人物的崇敬，也反映了镇江厨师高超的烹饪技艺和大胆创新的精神。镇江国际饭店在众多的“三国”菜点中整理出一席“三国宴”菜单，以馈中外宾客。

三国宴菜单有：

冷菜：北固胜景。

热菜：三英战吕布、张飞醉卧、桃园结义、草船借箭、舌战群儒、火烧赤壁、龙凤呈祥、甘露留芳、群英会、三官塘甜蓉、国太素斋、苜蓿双鱼。

点心：南徐细点。

主食：国太长寿粥。

连云港“西游山珍宴”

“一部西游未出此山半步，三藏东传并非小说所言。”随着西游热的升温，孙大圣更快、更高、更强的神奇倍受人们敬仰，慕名而至连云港花果山探幽寻奇的游客逐年增多，在人们陶醉“海古神幽”之余，觅仙桃奇果，寻野味山珍，盼延年益寿，愿长生不老，却是另一番意境和追求。西游年年有节庆，美馔款款大不同，在当年《西游记》文化节到来之时，由饮食文化研究者发掘，由烹饪大师操刀，选用连云港本地山珍野蔬，隆重推出“西游山珍宴”，可谓“菜菜没出此山半步，款款皆是西游所言”。

西游山珍宴菜单：

冷菜十八盘：登山十八盘盘盘辛苦，入席十八味味味鲜美。

六干果：百果、板栗、花生、山楂、杏脯、石榴。

六鲜果：蟠桃、脆杏、山枣、柿子、葡萄、古安梨。

六冷盘：香椿面筋、木耳腐竹、芥菜槐花、橄油蕨菜、姜辣地皮、醋拌萝卜。

热菜十二味：嫩焯黄花、浮蔷马齿苋、马兰枸杞头、香煎藕饼、醋溜茄夹、油炒乌英花、红椒扁豆丝、糖煨山药、定海神针（素刺参）、怀抱子归（素鲍鱼）、银丝芭蕉（素鱼翅）、雀巢燕飞（素燕窝）。

点心四道：仙山花果（船点）、瑶池仙桃（蒸）、三丝春卷（炸）、平安豆腐卷（煎）。

甜羹：葛粉元宵。

北京“来今雨轩”的红楼雅宴

1983年9月20日，著名红学家和首都新闻界人士雅集于北京著名饭庄“来今雨轩”品尝红楼佳肴。贤主嘉宾，欢聚一堂，尽兴始散。出席这次宴会的有红学家端木蕻良、周汝昌、冯其庸、蒋和森、周绍良，清史专家朱家溍，中国电视剧制作中心负责人阮若琳、黄宗汉，《红楼梦》电视剧编剧周雷，以及首都新闻界、文化界人士共四十余人。这次研制出来的红楼菜肴（包括汤类）共十八种，有：油炸骨头（排骨）、火腿炖肘子、腌胭脂鹅脯、笼蒸螃蟹、糟鹅掌、炸鹌鹑、糟鹌鹑、银耳鸽蛋（按：配银耳虽未见于《红楼》，但按江宁风味设计，亦未离“红味”）、鸡髓笋、面筋豆腐、茄鲞，以及“南来的”五香大头菜、《瓶湖懋斋记盛》中的老蚌怀珠、曹寅肴馔中的清蒸鲥鱼，汤类有酸笋鸡皮汤、虾丸鸡皮汤、火腿白菜汤、甜食有建莲红枣汤。尤需突出的是雪底芹菜——雪芹！

芹芽鸠肉脍：

此菜最为名贵。其中的雪底芹芽就是曹雪芹得名之来由。详见周汝昌先生所著《曹雪芹小传》的序中提到雪芹得名于苏轼《东坡八首之三》，原诗有句云：“泥芹有宿根，一寸嗟独在。雪菜何时动，春鸠行可脍。”自注：“蜀人贵芹芽脍，杂鸠肉为之。”原为雪底之芹芽炒鸠肉丝。

银耳鸽蛋：

即刘姥姥所食鸽蛋。于《红楼梦》中虽未见配有银耳，但按贾府饮馔风味设计，色白、味鲜，效果亦妙。

糟鹌鹑：

酒菜。在《红楼梦》中是佐酒的佳肴。作法是：用稚鹌鹑，除去羽毛和内脏，入糟油（去渣）浸泡，加温即成。

老蚌怀珠：

清蒸。据《瓶湖懋斋记盛》所记，雪芹当时用鳜鱼造形，腹中有物，状如“雀卵”。今用武昌鱼，鱼腹中镶有鹌鹑蛋，造型优佳。鲂鱼尖吻大腹，间黑白两色，宛如老蚌。

扬州“红楼宴”

扬州与《红楼梦》作者曹雪芹及其家庭有着深厚的历史渊源，红楼宴的开发责无旁贷要落在扬州烹饪界的肩上。时任市外事办公室主任丁章华筹划与推动红楼宴的研制历时二十多个春秋，其组织精干，梳理史料，考察论证，方家研讨，磨砺提精，终成大器。红楼宴的设计立足于红楼文化整体的一部分进行再创造，以发扬光大《红楼梦》所代表的文化传统、审美意识、文化蕴含，对餐厅、音乐、餐具、服饰、菜点、茶饮等项进行综合设计，使人恍如置身于《红楼梦》中的大观园中。红楼菜以其味美、丰盛、精致见长，给人以高层次饮食文化艺术的享受。扬州红楼宴厨艺代表团还曾应邀赴美、日、韩、法及港澳台地区表演过，名扬海内外。

红楼宴菜单有：

一品大观：有凤来仪、花塘情趣、蝴蝶恋花。

干果：栗子、青果、白瓜子、花生仁。

调味：酸菜、荠酱、萝卜炸丸、茄鲞。

贾府冷菜：红袍大虾、翡翠羽衣、胭脂鹅脯、酒糟鸭信、佛手罗皮、美味鸭蛋、素脆素鱼、龙穿凤翅。

宁荣大菜：龙袍鱼翅、白雪红梅、老蚌怀珠、生烤鹿肉、笼蒸螃蟹、西瓜盅酒、醉鸡、花篮鳜鱼卷、姥姥鸽蛋、双色刀鱼、扇面蒿秆、凤衣串珠。

怡红细点：松仁鹅油卷、螃蟹小饺、如意锁片、太君酥、海棠酥、寿桃。

水果：时令水果拼盘。

扬州仿古满汉全席

满汉全席一直被推崇为中国宴席的经典之作。满汉席出现于清代康熙乾隆时期，康熙大帝南巡，驻跸扬州，据《扬州画舫录》记载，始设满汉全席。乾隆皇帝六次南巡，扬州官绅接驾，仍沿承满汉全席。从此满汉全席声名远扬，各地竞相仿制，在康熙乾隆满汉全席的基础上推出的扬州满汉全席，堪称中华第一满汉全席。

为了使扬州满汉全席从历史走向现代，扬州市烹饪协会成立了中华满汉全席研究小组，请聂凤乔、邱庞同担任顾问，由王镇、邱杨毅、陈忠明开展课题研究，由薛泉生、陈春松、居长龙、杨凤朝工艺制作，王嘉钧负责协调，历时一年的精心运作，从历史的奢华到现代的菜式精当，菜品的设计力求为现代人所欣赏，符合现代人的消费倾向。

扬州满汉全席分两套，每套菜肴108道。为了给品尝者较大的选择余地，共分有三日六宴、两日四宴、一日两宴、精品宴等四种模式。每宴菜肴36款。

中华第一满汉全席菜单（精选）有：

贡品香茗：奶茶、平山贡春。

茶点：芸豆卷、秦邮董糖、豌豆黄、窝窝头、淮安茶馓、萨其马。

干果：琥珀桃仁、开口银杏、蜜饯青果、杏仁佛手、香酥蚕豆、兴安榛子。

仙果：桂圆、葡萄、李子、蟠桃。

食艺欣赏：王母蟠桃、鹤鹿同寿、麒麟献瑞。

冷菜八碟：凤尾大虾、凫卵双黄、玫瑰牛肉、金钱香菇、美味翠瓜、珊瑚雪郑、牡丹酥蜇、水晶肘花。

调味小菜：宝塔菜、满族芥菜、香腐乳、卤虾豇豆。

珍品海味：金丝官燕、蟹粉排翅、月宫鱼肚、金钱紫鲍。

红白烧烤：烤乳猪、鸭丝美卷、富贵双味、菊花鳜鱼。

南北山珍：梨片果子狸、黄焖飞龙。

满汉热炒：梅花鹿幼、玉带虾仁。

山野蔬鲜：鸡扒珍宝、扇面芦笋。

满汉细点：乾隆御饼、一口飘香、枇杷酥、翡翠水饺、竹节小馒首、八珍糕。

甜品：津枣蛤士蟆。

时菜花盘：万年长青。

席后品茗：乌龙茶。

音乐欣赏：春江花月夜。

扬州“乾隆宴”

清朝乾隆皇帝在位60年间，曾六次南巡，驻跸扬州。乾隆南巡，除政事外，游山玩水，遍尝江南美食亦为南巡内容之一。从乾隆《江南节次膳底档》可以看出，乾隆爱食东北的山珍，特别爱食燕窝、淮扬菜点、苏州点心、锅子菜（火锅）和素食等。他曾说："蔬食殊可口，胜鹿脯熊掌万万矣！"膳食专家对乾隆的膳食作了这样的评价："讲究荤素搭配，尤精野味烹调"，"嗜鸡鸭爱火锅，戒牛兔远海味"，"注重食补食疗，以求养生保健"。

根据乾隆的生活习俗和膳食特点，扬州西园大酒店从乾隆食单和淮扬菜中精选出二十余道菜肴组成乾隆御宴，从高、精、素、补方面统筹搭配，气派豪华。

乾隆宴菜单有：

冷菜：松鹤延年、盐味红袍、上素烧鸭、抱财荣归、牡丹酥蜇、紫香虎尾、红油鱼片、鸡汁干丝、桂花鸭脯。

热菜：鸡汁鲨鱼唇、象牙凤卷、酒糟鲥鱼、明珠燕菜、天麻智慧、游龙戏金钱、如意菜心。

甜点：蜜汁蛤士蟆、乾隆细点、乾隆玉饼、八珍糕。

点心：四喜饺子、蝴蝶卷子、五丁包子、细沙黏饼。

水果：时令水果拼盘。

无锡"乾隆宴"

乾隆皇帝下江南，无锡是他必到之地。无锡烹饪技师们经过长期准备，查阅相关资料，经过挖掘、整理，设计了具有雍华之贵气，又兼具江南水乡特色的"乾隆宴"。

乾隆宴菜单：

金龙迎贵宾、湖鲜满台飞、游龙绣金钱、太湖银鱼羹、大红袍蟹斗、天下第一菜、红嘴绿鹦哥、三凤桥排骨、乾隆龙舟鱼、五子伴千岁、天香芋艿乐、翡翠玉兰饼、无锡小馄饨、时令水果盘。

乾隆宴推出后，经中外食客和宾客品尝，众口交誉，受到欢迎。据统计，近几年来已有14万人次品尝过该名宴。

泰州“梅兰宴”

为纪念梅兰芳先生，振兴民族文化，泰州宾馆经过多年的探讨研究，研制成“梅兰宴”。1994年在纪念梅兰芳百年诞辰之际，隆重向社会推出，以表达家乡人民对大师的深切怀念之情。

梅兰宴将戏曲与烹饪文化相结合，以梅兰芳先生的18个代表剧目为背景，以戏成菜，喻形兼寓意，同时遵照梅先生日常饮食习惯，并吸收巡演时期所品泰州名馔，使得该宴具有大师亲历的纪念特征。对梅兰宴进行不断的改进和完善，使其能够进一步地发展，受到各界人士的欢迎。

梅兰宴菜单有：

冷菜：天女散花。

主拼：梅兰争艳。

十围花碟：红茄睡莲、生鱼芙蓉、茭白兰花、目鱼秋菊、鸭脯理菊、炝腰山茶、酥蜇牡丹、玉色绣球、卤舌月季、向日葵花。

热菜：龙凤呈祥、玉堂春色、双凤还巢、桂英挂帅、断桥相会、黛玉怜花、霸王别姬、锦凤取参、奇缘巧会、嫦娥奔月。

酒菜：游园惊梦。

甜品：碑亭避雨。

点心：荠菜春卷、海陵麻团。

主食：鱼汤刀面。

水果：养颜果盘。

以上十个仿古宴席菜单系根据中国江苏“名菜大典”及《中国烹饪》等资料收集整理，虽不尽全面，但有一定的代表性。足以见证当时仿古宴席的火爆势头。

五、喜庆宴席

中国宴席中的喜庆宴席是对传统文化的继承和发扬。喜庆宴席历史悠久、世代沿袭，传承着中华民族的优良美德，演绎着中华民族五千年的人情文化，兼容并蓄地服务于人们对亲情、友情、爱情的情感需要。喜庆宴席主题突出、寓义深刻，成为人生终身大事最美好的定格。它民俗化、大众化，根植于民，博采众长，婚姻嫁娶、祝寿贺喜、乔迁接风等是人们常见的庆贺方式。“天长地久、百头偕老”“福如东海、寿比南山”是婚宴、寿宴永恒的主题。“百年修得同船渡，千年修得共枕眠”是对新人最美好的祝愿；“如月之恒，如日之升，如南山之寿，不骞不崩。如松柏之茂，无不尔或承”，借《诗经》古语对寿星的祝福，情真意切!

社会主义宴席的文化特征是其人民性、大众化。近年来，喜庆宴席市场火爆，喜庆宴席已从传统的家庭亲朋好友的合欢团聚走向社会，直通高星级酒店、高档餐饮消费场所，其规模越来越大，档次越来越高，现代气息、商业味道越来越浓。尤其是专业婚庆公司的加盟，时尚婚庆、创意婚礼、豪华婚宴千姿百态，争奇斗艳。加之一些大款、名星、富豪、新贵等超豪华婚礼的示范效应，摆阔显富越演越烈。尤其喜庆宴席的市场广告，促销手段无奇不有。

我国是一个多民族的国家，每个民族都有自己独特的风俗习惯和饮食崇尚，喜庆宴席把这些礼俗、食俗融合一席，更能彰显各自的区域文化特色。总体看，传统的喜庆宴席菜肴注重实惠，强调菜名的吉语寓义；现代喜庆宴席菜肴时尚、经典，着力就餐环境的氛围营造。现收集整理若干老式喜庆宴席菜单，让当代年轻人受点传统熏陶，让老一辈人勾起美好的回忆！

1.婚庆宴席

传统婚庆宴席图吉利、讨口彩，从宴席的称谓上便能充分体现，如：佳偶天成宴、喜结良缘宴、永结同心宴、龙凤呈祥宴、花好月圆宴等。宴席的形制，菜肴的令名等都围绕这一特定的主题。

山盟海誓宴

一彩拼：

游龙戏凤（像生冷盘）

四围碟：

天女散花（水果花卉切雕）

月老献果（干果蜜脯造型）

三星高照（荤料什锦）

四喜临门（素料什锦）

十热菜：

鸾凤和鸣（琵琶鸭掌）

麒麟送子（麒麟鳜鱼）

前世姻缘（三丝蛋卷）

珠联璧合（虾丸青豆）

西窗剪烛（火腿瓜盅）

东床快婿（冬笋烧肉）

比翼齐飞（香酥鹌鹑）

枝结连理（串烤羊肉）

美人浣纱（开水白菜）

玉郎耕耘（玉米甜羹）

百年佳偶宴

喜庆满堂（迎宾八彩蝶）

鸿运当头（大红乳猪拼盘）

浓情蜜意（鱼香焗龙虾）

金枝玉叶（彩椒炒花枝仁）

大展宏图（雪蛤烩鱼翅）

金玉满船（蚝皇扒鲍贝）

年年有余（豉油胆蒸老虎斑）

喜气洋洋（大漠风沙鸡）

花好月圆（花菇扒时蔬）

幸福美满（粤式香炒饭）

永结连理（美点双辉）

天长地久宴

同贺同喜六味拼

鸿运烧味大拼盘

群龙荟萃双双虾

富贵荣华炭烧肉

红红火火扒玉肘

火火红红蒜香鸡

五彩缤纷蒸石斑

树花红枣炖老鸡

新巢添丁一统骨

蒜仔野菌牛肋排

桃仁露笋炒虾球

四喜临门全家福

香菇扒有机时蔬

粒粒飘香蛋炒饭

一品饺子

炸糕、黄金大饼

一帆风顺美点拼

同喜再送水果盘

武汉四喜四全席

（1）四喜双拼：盐水白鸡——桂花炙骨、五香牛肉——油爆大虾、如意蛋卷——彩花皮蛋、蒜泥白肉——凉拌黄瓜。

（2）四喜双炒：油爆肚尖——蒜爆菊红、滑炒虾仁——鱼香腰花、相思鱼卷——鸳鸯鱼片、核桃酥腰——肉茸吐司。

（3）四全大菜：红枣海参、八宝全鸭、花酿冬菇、油焖全鸡、橘闹银耳、红烧全鱼、芙蓉蟹斗、清炖全膀。

（4）四全花点：蝴蝶虾卷、喜庆烧梅、鸳鸯酥盒、莲子沙包。

（5）双合蜜果：枣子、花生、瓜仁、百合。

（6）同心茶食：湘莲羹、观音茶。

这是武汉市传统婚礼中相当讲究的席面。它要求菜点成双成对，逢四扣八，并且有鸡鸭鱼肉四个整件。点心和茶果都要蕴含“夫妻和美、早生贵子”之意，以此预示家业的兴旺。

婚庆大席

（1）鸳鸯彩蛋、糖水莲子、大红烤肉、香酥花仁。

（2）如意鸡卷、称心鱼条、相敬虾饼、恩爱吐司。

（3）全家欢庆（烩海八鲜）、比翼双飞（酥炸鹌鹑）、鱼水相依（奶汤鱼圆）、琴瑟合鸣（琵琶大虾）、金屋藏娇（贝心春卷）、早生贵子（花仁枣羹）、大鹏展翅（网油鸡翅）、万里奔腾（清炖全膀）。

（4）喜庆蛋糕、酥心香糖。

本席菜名典雅，富有诗意。

婚庆双八席

（1）炙骨、油鸡、红鸭、风鱼、蜇皮、彩蛋、香菌、椿芽。

（2）如意海参、八宝酥鸭、花酿冬菇、三鲜海圆、荷花鸡茸、一品枣莲、麒麟送子、全家合欢。

——武汉二商校王义臣提供

江汉花好月圆席

（1）花好月圆彩盆。

（2）五荤五素十个单碟：芙蓉海参、百花全鸡、彩烩双圆、五色虾仁、花酿鱼脯、橘闹银耳、相思蛋卷、奶油菜心、喜庆双鱼、合欢炖盆。

（3）二色甜点、二色咸点、二色饭菜、二色水果。

（4）花茶各盏。

这是江汉平原流行的较高级的婚庆宴。

上海婚喜燕翅大席

（1）孔雀冷盘随八围碟。

（2）樱橘虾仁、滑炒双冬、小煎鸡米、三丝鱼卷、菊花肫拼吐司、酿鸭掌。

（3）干烧扒翅、珍珠燕窝汤、挂炉烤鸭、清蒸鲥鱼、满星素烩、云腿竹笋汤。

（4）水仙酥、花生奶酪。

（5）蜜汁莲心。

——《烹调技术》

粤式婚席

大红火肉、海誓山盟、菜胗土尤、鸳鸯比翼、发菜蚝豉、花生添丁、上汤浸鸡、清蒸鲩鱼、百年和好、韭黄拌面。

——武汉冠生园酒楼姚泽明提供

武汉生香餐馆庆婚席面

（1）板鸭、肴肉、酥鱼、鸡松、熏肚、卤肝、桃仁、腰花。

（2）生菜鸽脯、番茄鱼片、油爆双脆、绣球干贝。

（3）红烧排翅、火烤酥方、鹌鹑彩蛋、花点两色、芦花鸭掌、如意果羹、红扒鸡腿、清蒸鳜鱼、鸳鸯戏水、鲜果四品。

——特级厨师毛耀堂提供

鄂式婚席

（1）龙凤呈祥：红皮肥鸭、白油嫩鸡、菊花皮蛋、透味口条。

（2）蝴蝶圆子、怀胎全鸭、桃仁鱼排、荷花肚片、拔丝苹果、美人白菜、梅花鳜鱼、合欢炖盆。

（3）芙蓉大包、火腿酥饼。

（4）一品水果。

四川民间喜宴三蒸九扣席

清蒸姜汁肘子、烧杂烩、咸烧白粉蒸肉、红烧肉、蒸鸡蛋、鲜笋烩肉片、带丝酥肉汤、糯米饭。

湖北农家婚庆便席六例

席一：

什锦碟、炒鸡丁、炒腰花、炒肉片、炒虾仁、大肉圆、烧蹄筋、鸳鸯蛋、灯笼鸡、蹄花汤。

席二：

烧全家福、烩墨鱼片、蒸千张肉、焖香酥鸡、炸豆腐圆、炒牛肉丝、熘瓦块鱼、炖蹄膀汤。

席三：

荷包圆子、粉蒸青鱼、黄焖鸡块、红烧牛脯、虎皮鸡蛋、清炖银耳、梳子红肉、心肺煨汤。

席四：

四喜圆子、清蒸全鸡、慈菇烧肉、糖醋排骨、红烧野鸭、百合莲子、滑炒虾仁、千张扣肉、土豆牛脯、珍珠米圆、喜庆全鱼、猪肝汆汤。

席五：

凤尾腰花、花仁鸡丁、爆炒京片、青椒兔丝、如意肉糕、板栗焖鸡、三鲜奎圆、粉蒸菱角、大烧青鱼、藕汤排骨。

席六：

酱爆肉丁、双黄鱼片、青椒炒肉、酥炸藕夹、鱼糕肉圆、蛋黄鸡块、麻辣牛肚、红烧野兔、红薯蒸肉、笋子炒蛋、油焖喜头、清炖脚鱼。

——根据湖北乡土菜品整理

2.寿庆宴席菜单

北方祝寿面席

（1）八菜：焦熘里脊、蒜爆双脆、鸡丝拉皮、炒苜蓿肉、炸熘鱼扇、黄焖鸡块、南煎肉饼、油焖津菜。

（2）一面（各份）：三鲜大卤、里脊炸酱、带四色“面码”。

——《餐厅服务教材》

南方祝寿酒席

（1）一彩碟：麻姑献寿。

（2）八大菜：双色虾仁、佛手鱼卷、桃仁花菇、滑熘鸡球、红烩四宝、香酥填鸭（带仙桃卷）、兰花鳜鱼、寿星白菜。

（3）一咸汤：松鹤清汤。

（4）一甜汤：菠萝银耳（带蜜汁山药桃）。

（5）一点心：三星寿面。

——《餐厅服务教材》

广式寿席

席一：

松鹤延年、熏鱼酱鸡、卤肝火腿、口条瓜虾、香肠腰片、长生鸡丁、麻姑上寿、五彩鱼线、碧绿珊瑚、东海遐龄、金银鸽蛋、三星片鸡、玉液全鸭、翡翠圆蹄、五柳鳜鱼、仙翁甜露、寿桃一座、长寿伊面。

席二：

青松红梅、鸡茸广肚、葱油焗鸡、罗汉大虾、蚝扒鱼脯、鼎湖上寿、焗文庆鲤、福如东海、仙翁甜露、长寿伊面、寿桃一度。

——武汉冠生园酒楼提供

传统寿宴菜单

席一：

凉菜：葱油香菇、金瓜皮冻、蘸酱黄瓜、烧椒茄子

推荐：阳光白切鸡、开味白肉卷、座汤、家和万事兴（番茄炖牛排骨汤）

小吃：乡村桐叶粑、玉米香油茶、醉八仙

热菜：金凤飘菊蕊（芙蓉蛋蒸虾球）、怀古鱼水情（过水整鱼）、欢乐聚陶然（陶然居芋儿鸡）、堂前赏秋节（嫩牛肉）、玉露攀高枝（糯米蒸排骨）、重九享春光（酸辣热拌鲜时蔬）、佳节又重阳（烧白蒸菜）、群英齐聚首（鸡汤蒸萝卜）、东坡颂佳节（东坡肘子）。

席二：

四味迎宾：萝卜皮、小鱼仔、醋泡花生、凉拌牛肚。

十二味主菜：卤味拼盘、双味虾、羊肉火锅、蛋黄肉蟹、梅菜扣肉、干锅水鱼、铁板牛肉、石弯脆肚、开胃鱼头、香芋菜心、酱汁脆笋、西芹百合。

点心：寿桃寿面、水果拼盘。

席三：

凉菜：三荤三素。

热菜：清蒸鲈鱼、雀巢腰果海鲜粒、合味寸骨、水煮牛肉、三鲜鱿鱼卷、泡椒鳝片、荷叶粉蒸肉、镜箱豆腐、双菇扒油菜、富贵石榴花。

汤：西湖莼菜羹。

主食：鲜肉锅贴、葱花饼、西红柿打卤面、果拼。

生日宴、寿宴

满月席：

（1）长命百岁：彩色虾仁、核桃腰子、口蘑鸭舌、豆苗鸡片。

（2）凤凰元宝、花酿冬菇、米粉蒸肉、金钱奎圆、金银鱼片、红烧三合、三丝网卷。

（3）状元包、金锁酥。

（4）菊梗银耳、鱼跃龙门。

（5）蓑衣萝卜、五香干丝。

——据大冶民间菜单整理

百天席：

（1）白鸡、香肠、彩蛋、熏鱼。

（2）长命金锁（冷拼）：三色鸡丝、油爆双脆、茄汁鱼片、仙桃吐司。

（3）虾茸蹄筋、雏鹰展翅、状元甜肉、锦心奎圆、百果甜羹、鱼跃龙门、骏马飞奔、吉祥炖盆。

（4）长命春卷、百岁寿面。

——据孝感民间菜单整理

周岁席：

（1）卤口条、盐水鸭、炸酥肉、凤尾鱼、拌蜇皮、糖汁骨、酱冬笋、卤猪肚。

（2）鱿鱼筒、炒鸡丝、爆肚尖、炸斑鸠。

（3）烧海参、香酥鸭、冰糖莲、烩口蘑、熘全鱼、炖全鸡。

——据武汉德华酒楼菜单编制

十岁千金席：

（1）荷盖亭亭：挂霜莲仁、桂花炙骨、骨芽蛋饺、菊瓣彩蛋。

（2）银芽鸡丝、杨梅鱼球、椒香橘红、玉带虾仁。

（3）八宝海参、香酥鹌鹑、掌上明珠、一品豆泥、凤尾莴笋、湘绣鳜鱼、三鲜花汤。

（4）两甜点、两咸点。

（5）时鲜花卉插瓶一座。

——武汉市新华饭店一级厨师王国华设计

五十大寿席：

头晚宵夜：

（1）凉碟：酱鸭——蛋松——芝麻菠菜、白肉——香肠——卤花生米、蜇皮——松花——凉拌青豆、鸡片——黄瓜——麻辣肚丝。

（2）热炒：洋葱肉丝、滑炒腰花、油爆肚片、生炒鳝丝。

（3）寿面：蛋黄寿面。

次日午餐（七星件席）：

（1）肉糕头子、葱烧全鸡、锅贴腰片、香酥圆子、红烧鳊鱼、千张扣肉。

（2）清汤肉圆。

——枝江县红旗饭店鲁华汉提供

张作霖五十寿筵：

（1）四凉菜：生菜拼龙虾、腐丝拼瓜菜、火腿拼松花、鸡丝拌鲜笋。

（2）四干果：核桃仁、大扁榛仁、瓜子、红白粘果。

（3）四鲜果：苹果、橘子、香蕉、荔枝。

（4）十热菜：一品燕菜、蟹黄鱼翅、汆鸽蛋银耳、火腿龙须、一品莲子、扒熊掌、烤填鸭、汆蛤士蟆油、鲍鱼菜花、脊髓管莛。

（5）两道汤：汆虾片瓜片、砂锅鸡块冬瓜。

——戴延春《大帅府饮食春秋》

这是东北军大帅张作霖1925年春五十寿庆时宴请宾客的菜单。

花甲席：

（1）寿字彩花蛋糕：佛手、白果、蟠桃、凤梨。

（2）鹿鹤同春彩拼：红鸭蜇皮、熏鱼香肠、牛肉蹄腱、黄瓜炙骨。

（3）清炒虾仁、茄汁鱼片、油爆腰花、软掩田鸡。

（4）三仙鱼翅、四喜丸子、红扒全鸭、寿星白菜、如意蛋卷、奶汁双冬、龙须鳜鱼、五福炖盆。

（5）寿桃、寿面。

这是民国年间湖北流行的高级寿席。

武汉高寿席：

（1）麻姑献寿：油虾、咸肉、灵龙、酱肚、松花、鱼丝、肉松、蛋皮。

（2）太极鱼翅、寿星全鸭、竹笙鸽蛋、鼎湖上素、福如东海、猕桃银耳、寿比南山、党参金龟、龙须鳜鱼、虾仁寿面。

——武汉商业服务学院特级厨师王义臣设计

百岁盛宴：

（1）福如东海，寿比南山（用八料拼成山水，蛋松镶字）。

（2）八仙过海、三星猴头、佛手鱼卷、四喜酥鸭、五福奎圆、鱼跃龙门、百味全鸡、银杏雪耳、如意鹌鹑、龟寿鹤龄。

（3）五子寿桃、七彩寿面。

宴席本身就是文明社会的文明之举，中国人更乐意通过饮食合欢来交流情感、表达情意。这正是中国宴席经久不衰、健康发展的重要原因。随着人民生活水平的提高，文明层次的提升，在吃的方面求鲜美、求营养，吃得洒脱一点，但是，大吃大喝、海吃海喝且没有一点节制的恶性消费不可取。更为甚者，山珍海味不足惜，奇珍异味寻常事。“迷金醉纸开芳宴，豹舌熊蹯尝几遍”的暴食天殄、恣食滥饮的奢靡之风从古至今就遭人鄙视唾弃，令人深恶痛绝！显然，这与宴席的初衷本意背道而驰，与和谐社会格格不入。

2010年6月26日《扬子晚报》报道：神秘老板四人吃掉20万，人均消费5万。到底吃什么？也有一份菜单：

单价为8800元一客的豪门六头极品鲍，13888元一客的白露炖至尊海虎翅，9860元一客的野生蜂窝炖南非血燕盏，配上1980年产的大拉菲、50年的茅台。另小炒不收钱，如杭椒牛柳、油纹土豆。

显然，吃喝的是黄金白银，拉撒的肯定是足金纯银。客户签名：二牛。不知这是谦称还是“太二”“太牛”的简称。

有钱不可任性，有权不可极端，官大权威不可张扬。此时此刻让我们想到冯玉祥将军居功不傲、宁俭不奢的例子。冯玉祥将军一生崇尚平民生活，曾以诗言志：“一切衣食与住行，宁俭不奢誓终身。”他设筵布席极其平民化，这里也有几份宴席菜单：

1924年春，他在北京与李德全结婚，婚宴只有四道菜：炒白菜、炒鸡蛋、烧豆腐及每桌半只烧鸡。1927年8月，他与蒋介石结为盟兄弟，事后请蒋介石吃饭，总共一菜一饭一汤，菜是猪肉熬白菜，主食是馒头，汤是一盆小米粥。1945年秋，他在重庆康庄寓所设家宴请毛泽东、周恩来吃饭，客人喝的是茅台酒，他喝的是白开水，还笑称：“我这酒比你们喝的高级，一百度！”毛泽东、周恩来、张治中等所有人听后都开怀大笑！

冯玉祥将军功勋卓著、简朴一身。这在当时上层社会极其罕见！与今天的“二牛”相比，天壤之别。

跋

李时人

二千多年前，中国战国时期的《孟子》一书曾引告子的话说："饮食男女，人之大欲存焉。"饮食不仅是人的本能欲求，也是人类赖以生存和发展的最基本的物质条件。如果说，火是人类祖先第一次支配的一种自然力，从而导致人猿相揖别。从这个意义上我们甚至可以说人类文明始于饮食的进步。而当人类跨入文明门槛以后，饮食的发展某种程度上仍然是文明层次提高的重要标志。一些比较发达的国家和地区人民的食品消费已从"口福消费"发展到了追求"保健消费"的阶段，便是对这一观点的很好说明。

人类通过利用自然、改造自然来创造自己的生活。由于自然条件不同，人们生活方式差别很大。如欧洲人吃面包，东南亚人以大米为主食，生活在北纬五十五度以北的爱斯基摩人靠海豹和鲸鱼肉为生；中国馅饼里面包着馅，意大利"馅饼"的"馅"却在外面；韩国料理不同于非洲烧烤，法国大菜和中国菜的味道差别很大。就人类的饮食而言，因地理、气候、物产以及宗教、民俗等原因，各民族、各地区人们在食物品类、制作以及进食的方式等方面都有所不同。但这并不妨碍人们在吃饱肚子这一最基本的生理需要满足以后，对饮食的要求愈来愈高。于是求鲜美，求珍异，满足“口福”，自然而然地成为人们的共同向往，这大概就是孟子所说的“口之于味有同嗜也”。老子说的“五味令人口爽”，也是这个意思。甚至说过“饭疏食饮水，曲肱而枕之，乐亦在其中矣”的孔子也赞成“食不厌精，脍不厌细”。

中国历史悠久、地域广大、物产种类丰富，我们的先人在饮食上施展了非凡的创造能力并积累了丰富的经验，中国饮食不仅自成体系，自具特色，而且以精美绝伦著称。这一点，从西汉枚乘《七发》里面夸说的“薄耆之炙”（烧烤脊肉）到明清小说《红楼梦》等详细描写的各种饮食菜肴，从《武林旧事》所记张俊招待宋高宗的菜单到后来的“满汉全席”，都可以证明。

公元一八八六年八月，清政府的全权代表李鸿章在美国举办答谢宴会，一道道色香味俱全的中国菜点使到场的美国总统富兰克林和所有的西方人惊叹不已。

饮食行为与人类生活的各个方面都有联系。它不仅是一种物质文明的表现，也与社会精神文明有密切的关系，所以有了“饮食文化”或“食文化”的说法。饮食之所以能称为“文化”，是因为饮食是一种文明现象，不仅食品可以成为一种文化的载体，更重要的是不同民族和地区人们的饮食有着基于不同文化背景的社会性规则，包括因宗教、习俗等原因形成的食规、食俗，以及进食形式上的礼仪规范，从而显示出各自不同的人文色彩。

在世界范围内，中国饮食的民族文化特征是十分明显的，而最能集中体现中国饮食民族文化特征的则是中国的筵席。筵席(宴席、宴会)在中国是最常见的集体进餐形式。“宾之初筵，左右秩秩，笾豆有楚，肴核维旅。”此《诗经·小雅》之《宾之初宴》篇。“及第新春选胜游，古园初宴曲江头。紫毫粉壁题仙籍，柳色箫声指翠楼。”此唐人刘沧之《及第后宴曲江》诗。自古以来，各种名目的公私筵席在中国人的生活中几乎无处不在。这些筵席虽然以进餐就食为形式，但进餐就食满足口腹之欲往往并不是唯一目的，在某些场合某些条件下，进食本身甚至处于一种完全从属的地位。这是因为在中国，筵席常常是为政治、经济服务或者是维系、调节人际关系服务的一种活动。在古代中国，筵席是一种为“礼”所设，为“礼”服务的就餐形式，强调筵席的礼仪形式，突出筵席的超饮食目的，这正是中国古代筵席从根本上区别于其他集体就餐和一般饮食活动的特点，也是它成为集中体现中国饮食文化的民族性特征的原因。

中国传统的儒家思想提倡“礼治”，以礼治政，以礼调节人际关系，以礼约束人的行为和规范人的修养，并通过“仪”来表现“礼”的内容。“夫礼之初始诸饮食”，群聚飨宴的筵席是实践礼仪的活动，所以在强调伦理关系和等级制度的中国古代，这种聚餐方式受到特别的重视。儒家原典，特别是“三礼”中就有很大部分的内容涉及公私飨宴的制度，而由官方的礼教到民间约定俗成的风习都使公私筵席形成了一套规范和操作模式，并作为文化习俗世代相传，至今仍存在于人们的意识和实践之中。对中国的饮食文化的研究当然不能忽视。

近年来，研究饮食文化蔚成风气，但大量的著述多偏重于饮食品色和菜系、菜谱，烹调术和味觉美感之类也受到重视，但是饮食与礼俗结合，集中体现中国饮食文化特征的筵席在这些著作中则往往只是作为背景连带提及。考证中国筵席源流、仪礼的系统性论著，就我的视野所及，至今未见。因此，李登年的这本《中国宴席史略》在这方面或许有开风气之先的意义。

登年长我几岁，是我少年时的朋友，以后虽然天各一方，仍保持着一些联系。据我所知，早在二十年前他的《中国古代筵席》由江苏人民出版社出版发行，曾引起业界同行、专家学者的极大关注。今年春天我们全家回连云港，与登年见面时又得知，他的《中国宴席史略》与鲁迅、王国维、许地山、蒋维乔等大家名著一并入选中国书籍出版社的"中国史略丛刊"第一辑。他将《中国宴席史略》校对稿交给我，让我为他"把关"。我把书稿带回上海，从头到尾仔细拜读了一遍，也作了些校对。《中国宴席史略》在《中国古代筵席》的基础上，在结构上做了较大的调整，并充实了许多更有价值的内容。如新增了"古代筵席与酒文化"、"现代宴席举要"等章节，使"史略"更具完整性，成为一部名符其实的饮食文化学术专著。

登年的《中国宴席史略》比较全面、系统地介绍了中国古代筵席的源流演变、礼仪规范和程序，还介绍了中国古代的名筵。关于这些，虽然中国古代典籍中有不少记述，但要将这些零散的材料组织起来，显然是要下一番苦功的。最难能可贵的是，登年在书中从文化的角度认识筵席，扣住中国筵席的文化特征来分析问题，这就使本书的论述具有了相当的学术性。登年是搞旅游饭店工作的，至今仍然担任一个星级宾馆的总经理。也许是因为职业的原因，所以本书还别开生面地谈到筵席事务，包括筵席的组织准备、场地的布置陈设、餐饮具的选择使用以及筵席菜单等。这不仅使读者对筵席从前台到后台有了比较全面的了解，而且使本书在知识介绍的同时具有了可供实践借鉴的意义。

当然，我并不以为登年已经把“中国宴席”说透，但他的方法和路子基本上是对头的，其中对很多问题的看法也是很有价值的。中国宴席源远流长，牵涉面极广，许多资料还需要进一步挖掘，许多问题需要进一步探讨，我希望登年的这本书能够引发人们进行更深入的研究。

登年的著作即将出版，邀我作跋，且限期完成，忝为至友，责无旁贷。但我对饮食文化和古代筵席没有研究，只好拉杂谈来，权作为登年大作的读后感。

2015年6月18日于上海

后　记

二十年前，江苏人民出版社曾为我出版《中国古代筵席》。当时认为，从事酒店业几十年，与饮食打了大半辈子交道，能出版一本与专业对口的专著，可心安理得了，并没指望有多大的反响，但书成之后的轰动却让我始料未及。报刊报道、杂志转载，接二连三；业内同行邀请讲座、专业院校请我授课，应接不暇。为避“不务正业”之嫌，谢绝邀请，笑纳赞誉。尤其中央电视台连续播出《李登年与他的中国古代筵席》专题片，连美洲东方卫视也转播并撰文评价。更有甚者，中国第一位女外交官——百岁老人袁晓园、中国烹饪界著名学者聂凤乔、新加坡饮食文化奇人周颖南、香港培华教育基金会主席霍震寰等社会名流或挥毫泼墨以祝贺、或著文吟咏而赞誉，连号称“九千岁”的溥佐先生也欣然为该书题词。此书获得省级政府奖，本人也加薪晋级……说真话，当时真有点飘飘然。随着时间变迁、年龄增长，“光荣退休”后又被外地聘任，继续“发挥余热”，一干又是八年，而今，“余热”大减，只剩

“余温”，安度晚年，别无他求，真无非分之想了。

有一天，一个遥远的长途电话找到我，激动中带有倾诉：谢天谢地，终于把您老挖出来了，您让我找得好苦啊！原来是北京一个出版社的编辑，说曾经拜读过我的《中国古代筵席》，就是找不到作者。他们正在策划主编一套小史丛书，希望与我合作，我道：年事已高，难以胜任。这位编辑很执着，又寄入选目录，又赠样书，并使出利诱之道：入选者多为院校教授、知名学者，并由国家级知名出版社出版。著书立学非易事，编史撰典有几人？ 您老在有生之年再为饮食文化出一部“史”，为自己的人生画出一个完美句号何乐而不为呢？后来当我得知该书是由我国出版业中较权威的中国书籍出版社出版，并将该书定名为《中国宴席史略》，说不动心是假，我当机立断，满口答应。冲动是魔鬼，承诺有私心，一是当年出版的《中国古代筵席》不够完整，尚有不足，借这次修改完善可弥补遗憾！还有一个私心，早在七八十年代，我痴迷古代餐饮具的收藏，高古瓷、青铜器、青花粉彩、紫玉金砂多达数千余件。深藏楼阁无人晓，从中精挑细选若干有价值、有代表性的藏品作为该书插图，使其价值得以充分展示，可谓梦寐以求。

决心一下，拼了老命，翻箱倒柜又把当年成书的资料找出，参照原书，按今天出版社的重新命题和格式，调整篇幅，增减内容，如《中国古代筵席》中谈“食”多，谈“饮”少，便在这次书稿中增加了第六章“古代筵席与酒文化”。并按照出版社要求，为和“史略”对应又增加一章“现代宴席举要”。人不服老不行，随着年龄的增长，精力减退，力不从心。还好，笨鸟先飞，花了半年多的时间总算脱稿。交书籍出版社编辑审校，并签定了出版合同。此时此刻十分怀念曾为该书题词、作序的徐邦达，何满子两位老先生。同时致谢为该书题跋的上海师范大学博士生导师李时人教授和中国饮食文化研究会餐饮文化委员会朱永松会长对该书的关注。

李登年

2015年6月11日